下巻のはじめに

1993（平成５）年４月１日在籍の電気機関車とその後の変遷を訪ねて東海地方から西に向かう。

1993年４月１日で貨物営業を行っていた電化私鉄は、上信電鉄、秩父鉄道、東武鉄道、西武鉄道、相模鉄道、岳南鉄道、越後交通、黒部峡谷鉄道、三岐鉄道の僅か８社だけであった。その後、貨物輸送はさらに縮小して、現在貨物営業を行っているのは、秩父鉄道、黒部峡谷鉄道、三岐鉄道の３社だけで、そのうちの２社がこの下巻に含まれる。1993年当時は東高西低であった私鉄貨物が、30年の歳月を経て、東西ともに低い状態にある。

黒部峡谷鉄道は軌間762mmで、冬季運休という特殊な環境下であり、さらに電車ではなく電気機関車が客車と貨車を牽引するといった、まさに特別な状況下にある。途中駅も一部以外は下車が叶わないという特殊な環境で、車両に関する露出も限定的である。欅平から先は、一般的には未知の領域であるが、2024年から一部が公開される見通しである。このほど先行的に関係者に公開され、自身も参加することができた。その黒部峡谷鉄道を含めた14社を下巻で紹介する。

石灰石採掘が進められた藤原岳をバックに、重連でセメント貨車を牽引するED45形。
2021.1.10　丹生川－三里　P：寺田裕一

貨物列車が営業廃止され「岳南電車」に改称される直前の頃、「がくてつ機関車広場」開設のため岳南富士岡駅に集められた車両群。
2013.3.16　岳南富士岡　P：寺田裕一

17. 岳南電車(←岳南鉄道)

吉原は東海道の宿場町として栄えたが、東海道本線は中心部を通らず、町外れに鈴川(現在の吉原)駅が開設された。富士南麓に広がる裾野に位置する岳南地方は、豊富な湧水と森林を利用した製紙業が発達し、戦後は急速に生産量を伸ばした。

1948(昭和23)年2月18日に駿豆鉄道(現在の伊豆箱根鉄道)が岳南線鈴川～須津間6.0kmの免許を取得し、その子会社として岳南鉄道を設立、1949(昭和24)年11月18日に鈴川～吉原本町間2.7kmが軌間1,067mm、600V動力で開業した。このうち鈴川～左富士信号場(現在のジャトコ前付近)間1.7kmは1936(昭和11)年8月以来運行していた日産自動車専用鉄道を利用したものであった。1950年4月18日に吉原(現在の本吉原)、1951年12月20日に岳南富士岡までの部分開業を繰り返し、1953(昭和28)年1月20日までに岳南江尾までが全通した。

高度成長期に入ると、岳南地方は製紙工業のほか、自動車・食品・医薬品工業などの工場が林立し、貨物輸送量は急増した。1969(昭和44)年9月10日に1,500V昇圧。同年度の貨物輸送量は99.9万tに達した。しかしその後はトラックへの移行が進み、オイルショック時に一時盛り返した以外は減少傾向が続いた。国鉄の貨物縮小で拠点間輸送が中心になると一般貨物は大打撃を受け、国鉄がJR貨物になる頃になると貨物取り扱いは比奈と岳南原田のみとなり、2012(平成24)年3月17日に貨物営業は廃止となった。

旅客専業となって従来の経営形態では営業継続が困難となり、2013(平成25)年4月1日に富士急グループの岳南鉄道から分社化された岳南電車の経営となっ

ED29形は両サイドで窓やルーバーの数が異なる。
2004.12.11　岳南富士岡
P：寺田裕一

1927（昭和２）年製の豊川電気鉄道の買収車を国鉄から購入した岳南鉄道ED29形。　2009.6.6　岳南富士岡　P：寺田裕一

た。車庫のある岳南富士岡の北側には、2021（令和３）年８月21日に「がくてつ機関車ひろば」が開設され、ED291、ED501、ED402、ED403が保存展示されている。

○ED29形（ED291）

1927（昭和２）年12月日本車輛（電気機器は東洋電機）製の40tデッキ付箱型機関車で、豊川鉄道（現在の飯田線の一部）デキ52として誕生。1943（昭和18）年の国有化後、1952年の改番でED291に。1959（昭和34）年３月に国鉄廃車となり、600Vに降圧の後、1959年９月11日に岳南ED291となった。

1965（昭和40）年に制御方式を東洋製電動カム軸式から日立製電磁空気単位スイッチ式に変更し、1969年９月の昇圧で再び1,500Vとなった。台枠に付けられた菱形の空気管がアクセント。他機に比べて若干出力が小さいことから入換用で、晩年は岳南富士岡で休んでいることが多かった。

■車両竣工図表　岳南鉄道ED50形ED501　所蔵：寺田裕一

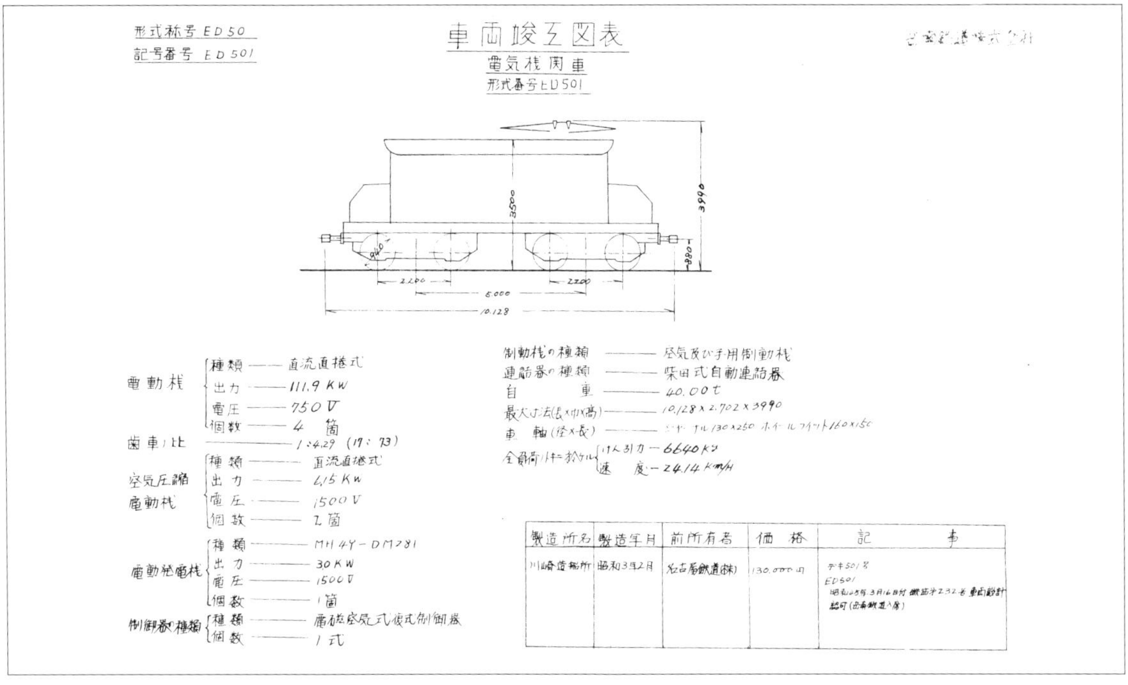

名古屋鉄道から譲渡されたED501のルーツは、上田温泉電軌が川崎造船所に発注した車両。　2005.8.5　比奈　P：寺田裕一

○ED50形（ED501）

1928（昭和３）年川崎造船所製の凸型機で、側面窓上部はRを持つ。上田温泉電軌北東線（後の上田交通真田・傍陽線）全通時にデロ301として登場。初期に想定していたほどの貨物がなかったことから1940（昭和15）年３月に三河鉄道に譲渡。三河鉄道は翌年に名古屋鉄道に合併されて501となった。岳南昇圧時に借り受け、1970（昭和45）年３月16日付けで譲り受けた。岳南入線時にパンタグラフを増設して２個パンタとし、最晩年は入換用であった。

凸型のED501と箱型のED402。まったく印象の異なる機関車が並ぶ。
2006.1.1　比奈
P：小林公介

松本電気鉄道より1971年に譲り受けたED40形。2両が在籍し、ED402は晩年まで茶色一色塗装で活躍した。
2007.9.29　比奈　P：寺田裕一

○ED40形（ED402・403）

松本電気鉄道（現在のアルピコ交通）が東京電力梓川水系電源開発工事の資材輸送用として、1965（昭和40）年10月に日本車輌で２両を新造した。

形式番号の40は自重を示すが、１号機がないのはED301という先住機がいたため。ダム工事完成とともに不要となっていたものを1971（昭和46）年に岳南鉄道が譲り受け、1972年１月26日付けで旧番号のまま竣工した。岳南鉄道では主力機として本線貨物を牽引した。

日本大昭和製紙吉永工場のオリジナル塗色となったED403。
2011.10.8　岳南富士岡　P：寺田裕一

ED403は2005（平成17）年１月に、環境に優しい鉄道貨物輸送をアピールするため、日本大昭和製紙吉永株式会社の支援塗装となった。ED402は茶色塗装のままで、ED402と403が交代で本線貨物を牽引した。

オリジナル塗色をまといコンテナ車の入換を行うED403。
2011.12.20　岳南原田　P：小林公介

重連で客車列車を牽く大井川鐵道E31形(E33＋E34)。奇しくも客車の３両目以降も元西武鉄道の電車を改造した車両である。
2019.7.21　青部－崎平　P：寺田裕一

18. 大井川鐵道

18. 1　大井川本線

大井川上流域の豊富な林産資源を鉄道で東海道本線に運び、沿線開発を進める目的で、1925(大正14) 年３月10に大井川鉄道株式会社が設立された。大井川筋に発電所を出願中であった東京電灯や川根地帯の大山林所有者、大井川上流寸又川流域の御料林地帯を管理する宮内省の出資を得ていた。

当初の免許は島田からの分岐であったが、のちに金谷分岐に改められた。軌間1,067mmの蒸気鉄道として金谷～横岡(現存せず) 間が1927(昭和２) 年６月10日に開業し、小刻みな開業を繰り返して1931(昭和６) 年12月１日に金谷～千頭間が全通した。大井川本流を４度渡り、谷間をいくつかの隧道で抜ける線形は、当時の技術力では大変な難工事で、資金的な行き詰まりも見られた。増資のたびに電力会社が応じていて、期待がいかに大きかったかがうかがえる。

戦後の1949(昭和24) 年11月18日に全線の1,500V電化が成り、電気機関車牽引列車が走り始め、さらに1951年８月からは電車の運転が始まった。大井川鉄道の輸送量が最も多かったのは1960年代で、貨物輸送量は年間30万tを超え、旅客輸送人員は１日１万人以上であった。

大井川鉄道が名古屋鉄道の資本下に入ったのは1969(昭和44) 年で、1976(昭和51) 年７月９日からは本線上をC11 227が客車を牽引する本格的な蒸気運転が始まった。しかし2014(平成26) 年３月26日ダイヤ改定で普通列車は14往復から９往復(うち１往復は金谷～家山間) に減便となり、通学輸送にも支障が出るようになった。

このような環境下、名古屋鉄道は大井川鐵道(2000年10月１日に大井川鉄道から改称) から撤退し、2015(平成27) 年８月からエクリプス日高が筆頭株主、２年後に100%資本を所有するようになる。

トーマス機関車によって人気が戻ってきたかに見えた大井川鐵道に訪れたのは自然災害であった。2022(令和４) 年９月24日に台風15号による大雨で全線運休となった。大井川本線は同年12月16日から金谷～家山間、2023年10月１日から家山～川根温泉笹間渡間の営業を再開したものの、全線再開のめどは立っていない。

デッキ付の箱型ボディがいかにも電気機関車らしい、1949(昭和24)年三菱電機製のE10形101。
1990.5.31　新金谷
P：寺田裕一

●E10形(E101 ～ 103)

1949(昭和24)年11月18日の電化に合わせて3両が新造された。E101とE102は三菱電機製、E103は日立製で、貨物廃止後はSL急行の補機が主な仕事となった。

E101・102は登場時に国鉄で量産されていたEF58形(旧車体)やEF15の影響が多分に感じられるスタイルで、両端にデッキを持つ。E101は一時期1個パンタであった。正面の社紋は威厳を感じさせるが、屋根上の電車用タイフォンは不似合いに感じる。

2014年に大規模修繕が施行された際、側面のエアーフィルターが埋められたE10形101。
2014.10.12　新金谷　P：寺田裕一

E103のスタイルは、三菱製と比べると角張り、秩父鉄道デキ100形に近い。1970(昭和45)年9月に岳南鉄道に転じ、1986(昭和61)年5月4日に戻ったが、2003(平成15)年に休車となり、2016(平成28)年6月に廃車・解体された。

E10形101とともに三菱電機製のE10形102。
2019.7.21　新金谷　P：寺田裕一

僚機２両に対し角ばったボディが特徴的な、1949(昭和24)年日立製作所製のE10形103。写真は千頭駅構内で休車中の姿。

2011.10.9　千頭　P：寺田裕一

■車両竣工図表　岳南鉄道ED10形ED103

大井川鉄道E103が岳南鉄道に転じた時代に作成されたもの。　所蔵：寺田裕一

形式称号 ED10
記号番号 ED103

車両竣工図表
電気機関車
形式番号ED103

岳南鉄道株式会社

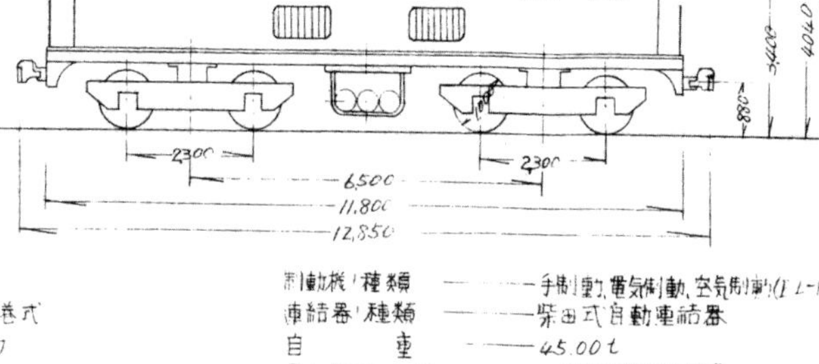

電動機
- 種類 —— 直流直捲式
- 出力 —— 150 KW
- 電圧 —— 675 V
- 個数 —— 4 ヶ

歯車ノ比 —— 1：4.35（17：74）

電動空気圧縮機
- 種類 —— 直流直捲式
- 出力 —— 6.5KW
- 電圧 —— 1500V
- 個数 —— 2 ヶ

電動発電機
- 種類 —— MH 49ADM28
- 出力 —— 3 KW
- 電圧 —— 1500 V
- 個数 —— 1 ヶ

制御器ノ種類
- 種類 —— 電磁空気式
- 個数 —— 1式

制動機ノ種類 —— 手制動、電気制動、空気制動（EL-14AR）
連結器ノ種類 —— 柴田式自動連結器
自重 —— 45.00t
最大寸法（長×巾×高）—— 12,850×2,700×4,040
車軸（径×長）—— 180×1930
全界磁に於ける
- けん引力 —— 6160 kg
- 速度 —— 34.7 Km/h

製造所名	製造年月	前所有者	価格	記事
日立製作所	昭和24年11月	大井川鉄道		昭和45年9月22日付鉄監[illegible]号 車両設計認可（岳南鉄道入籍）

西武鉄道から譲り受けたE31形(E33+E34)。搬入後使用されない期間が長かったが、現在は客車列車の牽引機やSL列車補機として活躍中。
2019.7.21　新金谷
P：寺田裕一

●E31形(E32～34)

西武鉄道E31形(E31～34)は、1986～1987(昭和61～62)年に自社所沢工場で新造した。台車は国鉄飯田線で運用されていた80系電車の廃車発生品を履き、主電動機も351系で使用されていた吊掛式を転用、車体下部を黒く塗りつぶして外観のバランスを取っている。2009(平成21)年1月31日にE33が廃車、残る3両も2010年3月31日に廃車となって形式消滅した。

4両のうちE31は横瀬車両基地で保存する運びとなり、それ以外のE32～34の3両が2010年9月10日から13日にかけて、西武鉄道横瀬車両基地から新金谷車両区までトレーラーで陸送されたものの、しばらくは無車籍のままであった。E32・33・34の竣工日(大井川鐵道仕様工事完工日)は3両ともに2017(平成29)年3月31日で、E34の営業運転開始日は2017年10月15日、その後、E33とE32も営業運転を開始した。

大井川鐵道仕様の自動列車停止装置(ATS)については、E34が金谷方と千頭方の双方に搭載され単独での本線走行が可能であるが、E32は金谷方、E33は千頭方搭載のため、本線で本務機として走行するには重連走行が必要となる。

●ED501形(ED501)

ED501は、1956(昭和31)年日立製作所製の50t箱型機。大阪セメント伊吹工場専用線でいぶき501・502の2両として長年活躍し、同線のセメント輸送が1999(平成11)年6月にトラックに切り替えられたことから大井川鐵道へ譲渡、2000年2月に2両とも竣工となった。

大井川ではED501と502となったが、三岐鉄道での中部国際空港埋め立て関連輸送に当たることが急遽決まり、2000(平成12)年5月にED501は貸与、ED502は売却となった。ED501は2003(平成15)年3月に返却されたが、2019年から整備中の状態が続いている。

大阪セメント伊吹工場専用線からの譲渡車であるED501。車体に残る「いぶき501」の切り抜き文字による表記が印象的である。
2014.10.12　千頭
P：寺田裕一

井川線のうちアプト区間の補機として使用されるED90形(902)。車両限界の関係で他区間への入線は不可能であり、新製配置の際は特殊な仮台車に載せられ運ばれてきた。
2004.11.7　アプトいちしろ
P：寺田裕一

18. 2　井川線

大井川鐵道井川線が地方鉄道法による営業を開始したのは1959(昭和34)年８月１日だが、それ以前から専用鉄道としての営業が行われていた。千頭～大井川発電所間は戦前から敷設されていたが、井川、堂平貨物駅への路線が完成したのは1954(昭和29)年４月１日であった。トンネルが非常に多く、輸送力を犠牲にしてでも工期を短縮するために、軌間は1,067mmでありながら、車両限界は軽便鉄道並みとなった。発電所建設工事中は、貨車が大井川本線新金谷構外側線まで直通した。

この井川線の一大転機は1990(平成２)年10月２日に訪れた。長島ダム建設に伴い、川根市代～川根長島(現在の接阻峡温泉)間に新線を建設し、アプトいちしろ～長島ダム間がアプト式となったことから、同区間のみ1,500V電気運転が開始された。

井川線の列車は、原則として千頭～井川間の運行で、千頭を発車した下り列車は、制御客車を先頭に客車を挟んでディーゼル機関車が後から推して進む。アプトいちしろに到着すると、さらに千頭方にED90形を連結し、アプト式のラックレール区間を長島ダムまで進む。この区間の最急勾配は90‰で、列車はゆっくりと進む。長島ダムで千頭方の電気機関車は解放となり、以降はアプトいちしろまでと同様の編成で井川へ向かう。

一方、井川発千頭行きの上り列車は、下り列車とは逆にディーゼル機関車が先頭で、長島ダム～アプトいちしろ間では、最前部に電気機関車が連結される。我が国におけるアプト式区間は、信越本線の横川～軽井沢間が粘着式に変更されて以来の登場で、非常に興味深い。

●ED90形(ED901 ～ 903)

1990(平成２)年のアプト式区間開業に合わせて３両が日立製作所で新造された。56t箱型機で、各ボギー台車間にクラッチ歯車を持ち、走行用電動機４台とラック歯車電動機２台を持つ。制動装置は発電制動を常用し、自動空気・保安空気・ラックホイール用バネ制動・非常短絡発電制動により安全を期している。アプトいちしろ～長島ダム間で使用され、３両は異なるホイッスルを鳴らす。軽便鉄道並みの車両限界を持つディーゼル機関車や客車・制御客車と並ぶと、非常に背が高く感じられる。

車体左右の側面配置は線対称形に近い。パンタグラフは勾配下側(千頭方向)に設置。
2014.10.12　アプトいちしろ
P：寺田裕一

(前頁写真)大井川鐵道井川線のアプト区間を行く井川行201列車。90‰の勾配となるアプトいちしろ～長島ダム間では、アプト区間に対応したED90形電気機関車が勾配下側に１両または２両連結される。一般車両との車体全高の極端な違いが目を惹く。
2017.11.12
アプトいちしろ－長島ダム
P：寺田裕一

英国EE(イングリッシュ・エレクトリック)社製の遠州鉄道ED282は、他の国産電機とは異なるユニークな姿で知られる。同形のED281は国鉄から近江鉄道を経て山形交通に譲渡され、ED2として高畠線で廃線まで活躍した。
2015.7.13　遠州西ヶ崎
P：寺田裕一

19. 遠州鉄道

JR浜松駅の正面脇の新浜松から発車して、遠州西ヶ崎、浜北を経て西鹿島に至る。早朝深夜を除いて12分間隔の運行で、通常は2両編成、平日朝夕の多客時は2両編成を2本つないで4両編成で運転される。新型コロナウイルス感染症流行による乗客減から2020(令和2)年4月25日から2021年11月30日までの土休日は運転間隔を20分にしていた。

現在の姿からは想像もつかないが、1909(明治42)年12月6日の開業時は軌間762mmの蒸気軌道(大日本軌道浜松支社)で、1923(大正12)年4月1日に1,067mm改軌、600V電化、地方鉄道改組がなり、750V昇圧は1961(昭和36)年11月21日であった。長らく新浜松を発車した列車は東海道本線に沿って遠州馬込に向かい、そこでスイッチバックしていた。

電気機関車は1951(昭和26)年8月にED211が登場し、1968年に4両が揃った。1970(昭和45)年度には年間33.7万tの貨物輸送があり、遠州八幡(現在の八幡)の日本楽器、上島の自衛隊、遠州貴布禰(現在の浜北)の日清紡などの原材料、製品の輸送を行った。以降は急速に貨物輸送量が減少し、1976(昭和51)年4月1日に貨物営業は廃止となった。

1985(昭和60)年12月1日に新浜松～助信間の高架新線開業が成り、遠州馬込でのスイッチバックが解消され、近代的な鉄道に生まれ変わっている。

●ED282

豊川鉄道(現在のJR飯田線の一部)が1925(大正14)年の電化時に購入したE・E製の電機50がルーツ。1930(昭和5)年10月にデキ50となり、1938(昭和13)年1月19日にデキ51に改番された。1943(昭和18)年8月に国有化されて現車番となった。

遠州鉄道譲受は1960(昭和35)年1月12日で、改番されずに使用を開始した。台車枠にカプラーが直接つく凸型機は珍しく、ナンバープレートは運転台ではなくボンネット横にある。当初は貨物の牽引に当たったが、貨物廃止後は保線用で、遠州西ヶ崎で休車の札を付けていることが多い。

1960(昭和35)年に国鉄から譲渡された遠州鉄道ED282は、元をたどると1925(大正14)年製の元豊川鉄道の買収機である。現在は保線用として、通常は遠州西ヶ崎で留置。
2013.9.13　遠州西ヶ崎
P：寺田裕一

豊橋鉄道デキ210形(211)。渥美線が名鉄に合併されていた際に同線に配属された元愛知電気鉄道のデキ360形が分離後にも残存したものである。貨物廃止後も車籍が残り、1,500V昇圧時に廃車となった。
1992.9.5　高師
P：佐藤利生

20. 豊橋鉄道

名鉄が乗り入れるJR豊橋駅の東側に２本の発着線を持つ新豊橋駅を起点とする。早朝と深夜を除くと15分間隔の運行で、元東急7200系の３両編成が行き交う。渥美電鉄として1924(大正13)年１月22日に開業し、開業当初は軌道法を準拠法として、1931(昭和６)年５月９日に全線の地方鉄道改組がなった。戦時中は名古屋鉄道の一路線となり、戦後に独立したという珍しい経緯を持つ。もともとは貨物営業が盛んで、不等間隔のダイヤ、区間列車が多数あるなど典型的なローカル私鉄であった。

当線に在籍した電気機関車は延べ６両で、一時期は５両が在籍して貨物列車の牽引、貨車の入換を行った。高師からユニチカ工場への引込線、大清水から豊橋紡績への引込線があり、神戸信号場(現在は旅客駅)からは小野田セメント田原工場への引込線が分岐した。

昭和30年代から40年代後半までは年間30万t以上の貨物を輸送していたが、昭和50年代に入ると貨物は激減した。最後に残った小野田セメント輸送が1984(昭和59)年２月１日に廃止されると、大半の機関車が廃車となり、1997(平成９)年７月20日の1,500V昇圧で、機関車の在籍はなくなった。

○デキ210形(デキ211)

愛知電気鉄道デキ360形361として1923(大正12)年に日本車輛で新造された。自重23tの凸型機で、国産の電気機関車としては初期の作品。機器類はウェスチングハウス、台車はブリルのものを使用した。

名鉄合併でデキ362となり、渥美線に所属していたところ、渥美線が豊橋鉄道となったことから豊橋デキ362となった。

入線後、HL制御を当時のモハ1302と交換して直接制御となり、台車もブリル76E1からモ1311廃車発生品のブリル27MCB1となった。1968(昭和43)年11月の改番でデキ211となった。

出力が小さいことから晩年は三河田原の貨車入換と、三河田原～小野田セメント専用線間の小運転用であった。貨物廃止後も車籍が残ったが、昇圧時に廃車となった。

愛知電気鉄道→名鉄デキ360形は３両製造され、渥美線デキ362→豊鉄デキ211となったこの車両以外は、名鉄で廃車となった。　1982.10.30　高師　P：寺田裕一

名古屋鉄道デキ300形(305)は、1929(昭和4)年に三河鉄道キ14として新造された三菱製の凸型電機。
1986.11.6　新川工場
P：寺田裕一

21. 名古屋鉄道

古くは本線から支線まで、ほぼ全線にわたって貨物営業が行われ、50両を超す電気機関車が活躍していたが、1984(昭和59)年12月31日をもって築港線を除く全線の貨物営業が廃止された。残った築港線も1985(昭和60)年12月から名古屋臨海鉄道に貨物関係の業務を委託しており、電気機関車が営業貨物列車を牽引することはない。

1993年当時の在籍機はレール・枕木・砕石の運搬、車庫の入換用など何らかの役割を担っていた。前照灯は1979～1980(昭和54～55)年に角形のシールドビームに変更され、茶色ベースに、前面は黄色の斜線による警戒色、車体裾部黄色が基本であったが、リフレッシュ工事後は青ベースに黄帯に変更されていた。

2015(平成27)年にEL120形2両が東芝で新造され、在来機は全機が廃車になっている。保線機をモーターカーに置き換える大手私鉄が多い中、名鉄の機関車新造は特異なケースと特筆できる。

○デキ300形(デキ302・303・305・306)

三河鉄道より引き継いだ30t級凸型機で、総勢6両であったが、細部は各車ごとに異なっていた。

301・302は三河鉄道の電化時、1926(大正15)年に日本車輌で新造され、キ10・11として登場した。機器はウェスチングハウス製で、同時期の瀬戸電気鉄道デキ1・2(後の名鉄200形)とは、前照灯が庇の下についていること以外は同一設計であった。

303・304は1927～1929(昭和2～4)年の三菱造船製で、機器も三菱製、正面窓数が2つになり、側面通風口の形状にも差がある。303～305は三河鉄道キ12～14として登場した。

306は1928(昭和3)年に一畑電気鉄道1号機として

名古屋鉄道デキ300形のうち306は、1928(昭和3)年に一畑電気鉄道1号機として新造され、三河鉄道に譲渡された経歴がある。
2004.12.30　犬山
P：寺田裕一

名古屋鉄道デキ370形は当初ボールドウィン製の車体にウェスチングハウス製の機器を組み合わせて新造されたが、373以降の増備車は同一形態ながら日本車輌製の車体となった。
1986.11.6　新川工場
P：寺田裕一

誕生した後、1936(昭和11)年に三河鉄道が譲り受けてキ15となった。側面通風口の形状は305と同一であるが、車体長、自重がやや異なる。

三河鉄道は1941(昭和16)年に名古屋鉄道に合併され、キ10～15はデキ300形301～306に。三河線を中心とする支線区を中心に活躍した。

1993(平成5)年4月1日時点でデキ301・302・304はすでに廃車となり、303は鳴海工場、305は新川工場、306は犬山工場留置で、夜間工事列車でレイル・枕木・砕石運搬に使用された。

主電動機は当初三菱製MB100形(74.6kW)であったが、1968(昭和43)年11月に東洋製TDK516E(60kW)に改められた。305と306は2014(平成26)年2月5日に廃車となり後に解体されたが、303は2014年3月3日に廃車となったのち舞木検査場の備品扱いとなっている。

○デキ370形(デキ375・376・378・379)

愛知電気鉄道が1925～1929(大正14～昭和4)年にデキ370～374・376～379の9両を新造した。1935年に名岐鉄道と合併して名古屋鉄道となった時点で370が372に、372が374に、374が375となった。

372・371は1925(大正14)年ボールドウイン・ウェスチングハウス製の輸入機で、ポールとパンタグラフを備えた複電圧機であった。373以降の7両は、機器はウェスチングハウス製、車体はボールドウインのものをコピーして日本車輛で製造された。25tと軽量ながら48.5kW×4と適当な出力を持っていたため、貨物の少ない線区で重用された。

晩年は、376・379が喜多山工場、378が舞木工場常駐であった。瀬戸線所属の2両は2007(平成19)年の喜多山工場閉鎖とともに廃車となり、378も2007年に廃車となった。

名古屋鉄道デキ370形(379)。車体更新を受けブルーの車体となり、リフレッシュされた印象である。　2004.12.30　喜多山　P：寺田裕一

凸型機が主力であった名古屋鉄道では珍しい箱型車体のデキ400形(401)。砕石輸送用としてEL120形の入線まで２両が活躍した。
2000.7.29　新安城－宇頭　P：佐藤利生

○デキ400形（デキ401・402）

愛知電気鉄道が1930～1931（昭和５～６）年に新造した電気機関車で、デキ370形373以降と同様、機器はウェスチングハウス製、車体は日本車輛で製造された。当初は400・401であったが、400は名鉄合併時に402となった。

名鉄では数少ない箱型機で、適度に丸みを帯びた張り上げ屋根、前面には小さなデッキ、前面窓に大きな庇、その窓下に砂箱、さらに助手席側に梯子が付き、個性的なスタイル。出力は90kW×４と強力で、砕石運搬ホキ車を挟んでプッシュプルで使用し、矢作橋で待機することが多かった。EL120形の登場により2016（平成28）年６月６日に廃車となった。

○デキ600形（デキ601～604）

戦時中から終戦直後にかけて東芝が製造した40t凸型標準機。601・602は当初から名鉄に向けられたものであったが、603・604は中国の海南島の日本窒素向けに製造されたもので、戦局の悪化により搬出が不可能になり、名鉄が引き取った。

出力110kW×４は当時の名鉄の機関車中最大で、４両とも東部線の貨物の主力機として活躍した。貨物廃止後は、大江、新川検車場、犬山検車場に常駐した。EL120形の登場により2015（平成27）年７月21日

典型的な東芝戦時型標準凸型機の形態を保っていた名古屋鉄道デキ600形(603)。　1986.11.6　新川工場　P：寺田裕一

名古屋鉄道デキ600形は、晩年期はブルーに黄帯の塗色をまとい活躍、EL120形の入線で廃車となった。　2004.12.30　犬山　P：寺田裕一

に廃車となった。

●EL120形（EL121・122）

2015（平成27）年に東芝で２両が製造され、2015年２月15日に舞木検査場において報道陣向けに公開が行われた。その後豊明検車支区に配備され、2015年５月から本格稼働している。名鉄としてはデキ600形以降72年ぶりに新製された電気機関車で、東芝にとっても約45年ぶりの私鉄向け電気機関車の新造であった。

全長は12m、車体幅は2.6mの普通鋼製車体で、運転室と機械室の間には豊橋方で２ヶ所、岐阜方で１ヶ所の扉を設けている。前面は運転室からの広い視野を確保するために曲面ガラスを使用し、前照灯と標識灯を前面窓下の腰部に配している。外観がJR貨物のEH800形に似ているのは、デザインや造形に関するコスト増大を回避したためで、車体色はスカーレットとして名鉄らしさを演出している。

運転台は、主幹制御器とブレーキ設定器を一体化した右手操作型ワンハンドル式で、ミュージックホーンを搭載している。主電動機は東芝製で出力190kWのSEA-435形、駆動装置はWNドライブ、制動装置は全電気指令式電磁直通制動、台車は新日鐵住金FS571MBで、車輪径は860mmと電車並みになった。

平成末期の2015（平成27）年に新製された私鉄電機ということで大変注目されたEL120形。JR貨物のEH800形に似たスマートなデザインも従来の私鉄電機のイメージを覆した。
2015.2.15　舞木検査場　P：RM

「黒部のトロッコ電車」として有名な黒部峡谷鉄道は、実は私鉄電気機関車の宝庫。VVVFインバータ制御の新鋭機EDV34＋EDV35が牽引する列車が新山彦橋を渡る。
2022.11.4　柳橋－宇奈月　P：寺田裕一

22. 黒部峡谷鉄道

富山地方鉄道本線の終点・宇奈月温泉から奥に進んだ宇奈月を起点とし、立山連峰と後立山連峰の間にえぐられた黒部峡谷を進む。トンネルは41ヶ所8,314m、橋梁は21ヶ所706mで全線20.1kmのうち半数近くを占める。数少ない軌間762mmの軽便鉄道の一つで、機関車が客車と貨車を牽引する。通常は4月下旬から11月までの運行で、冬季は雪害を避けるために鐘釣駅上流にあるウド谷橋の線路と鉄橋を撤去してトンネルに格納する。観光客が集中する夏休み期間中は重連機関車が13両編成の客車を牽引し、沿線の関西電力関係者や資材を輸送する混合列車もある。

地方鉄道としての開業は1953(昭和28)年11月16日であったが、専用鉄道としては、さらに古い歴史を持つ。黒部川水系の水利権を獲得した東洋アルミニウムが1926(大正15)年10月23日に宇奈月～猫又間を開業し、1928(昭和３)年10月１日に東洋アルミニウムが日本電力に吸収されたのち、黒部川第２・第３発電所建設用の専用鉄道が1937(昭和12)７月１日に欅平まで敷設された。その後、電力会社の再編を経て、1951(昭和26)年５月１日から関西電力の経営となり、1971(昭和46)年７月１日に黒部峡谷鉄道として独立して今日に至る。

車庫のある宇奈月には、多くの車両が姿を見せる。機関車、客車のほかに貨車の保有も多く、在籍車両数は303両に及び、大手私鉄を除くと最も多い。

1934(昭和９)年東洋電機製の凸型機、黒部峡谷鉄道ED８。1994(平成６)年に引退の後、北陸新幹線の黒部宇奈月温泉駅に近い富山地方鉄道新黒部駅前に客車とともに保存されている。
2015.9.22　新黒部
P：寺田裕一

黒部峡谷鉄道ED10。リベットが多数残る古典的スタイルの凸型電機で、現在は入換用としての扱いである。
1981.8.6　宇奈月
P：寺田裕一

●ED形（ED8～11）

日本電力専用線時代の1934（昭和９）年、黒部川第三発電所建設に備えて新造された東洋電機製の凸型機で、運転席には大きな直接制御器、空気ブレーキ弁が所狭しと並べられている。トンネルの断面が小さいことから車高が制限され、前照灯はボンネット先端の左右に取り付けられている。当初は手ブレーキと電気ブレーキのみであったが、1953（昭和28）年に空気ブレーキを装備。1959（昭和34）年にポールからＺパンタに変更。1968年にATSが取り付けられた。

ED11は車体を焼損したことから1957（昭和32）年にナニワ工機で新造したため、全溶接構造で丸味を帯びている。ED８は運用を離脱して、新黒部駅前でハフ26・27客車とともに保存。ED11も2013（平成25）年12月で運用を離脱して、宇奈月駅近くのトロッコ広場でハフ10とともに保存展示されている。残るED９と10は、通常は欅平と欅平下部の間の入換に使用されるため、目に触れることはない。

黒部峡谷鉄道ED９。ED10と同様、入換用で表に出ることは少ない。
2008.11.2　宇奈月　P：寺田裕一

事故復旧により、丸みを帯びた全溶接構造車体が特徴のED11。現在は宇奈月駅付近に静態保存されている。
2008.11.2　宇奈月
P：寺田裕一

1957（昭和32）年日立製のED13を改造したEDS13。車体は旧ED17のものが使用されている。
2001.7.20　宇奈月
P：寺田裕一

●EDS形（EDS13）

地方鉄道変更後に登場し、以降は日立製となった。1957（昭和32）年９月製で、1958年４月製のED15～17とともに、黒部川第４発電所建設のために増備された（14は忌み番号で欠番）。

ED13の主電動機はTCO-H60、ED15からはHS-120Hrbで42kW×４に増強されている。車長はED8～11よりも長くなり6.9m、車体はED11同様丸味を帯び、キャブが下まで突き出しているところが東洋製と明らかに異なる。

1993（平成５）年にED17がEDRとなった際に車体はED13に引き継がれ、機器類も変更されてEDS13となった。主に宇奈月構内の入れ替えに使用される。旧車体は黒部市内で保存されている。

EDS13の種車となったED13だが、車体・台車ともに交換されているためほぼ面影は残っていない。
1981.8.6　欅平　P：寺田裕一

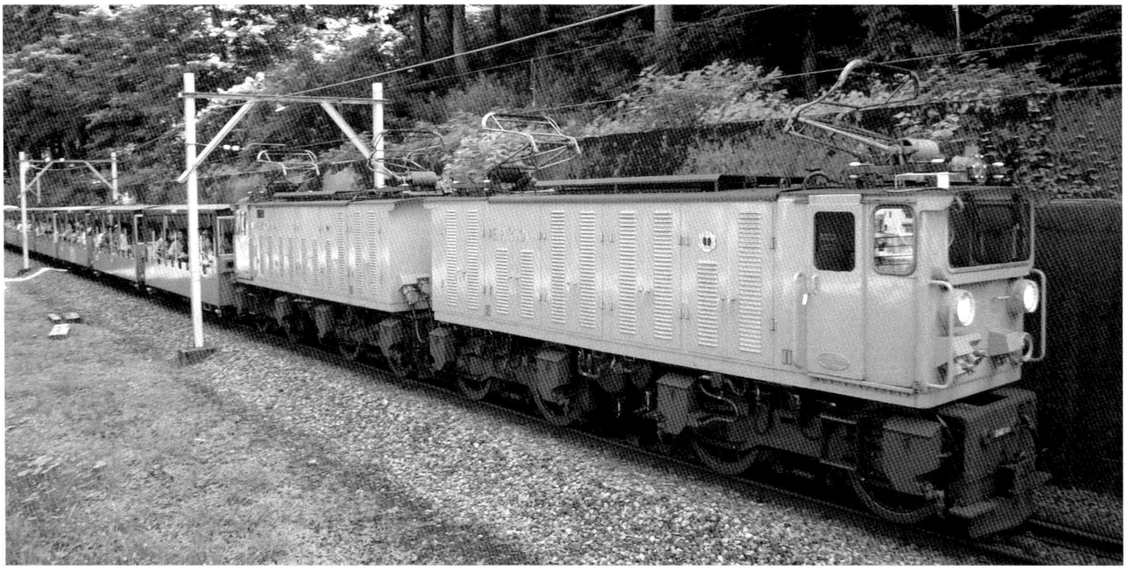

２車体連結で使用されることからEHを名乗ることとなったEHR101＋EHR102。　2012.7.16　宇奈月－柳橋　P：寺田裕一

EHR形の前身であるEH102＋EH101。当時は前面２枚窓であったが、現在は1枚窓に改められている。
1981.8.6　宇奈月
P：寺田裕一

●EHR形（EHR101・102）

凸型のED15・16を種車として、1974(昭和49) 年６月に登場した。二車体連結で、私鉄唯一のEH形。種車からは電気機器の一部を流用しただけで車体は新造。永久連結されているが、一車体でも片運転台機として使用できることから、EHを名乗りながら車号を２つに分けている。他車との重連を考慮していないことから前面のジャンパ栓類は省略されている。

1993(平成５) 年に増速型改造がなされ、EH形からEHR形となった。連日13両編成の客車牽引に当たっている。

●EDM形（EDM22・23・30～32）

ED18以降は箱型機として製造された。EDM22・23・30はED22・23・30として登場し、後に定格牽引力を向上させるために歯車比を変更してEDMとした。当初は自重15.5tであったが、EDM化によって16.8ｔに増加した。

1990～91(平成２～３) 年に登場したEDM31と32は当初からEDMで、32の自重は18t。車体は標準的な箱型で、視認性向上のため窓部分が１段張り出している。32のみ張り出しが前面下部まで延長されたような形態で、正面１枚窓で登場。後に他の箱型機も１枚窓に改められた。

車体は前後の運転室と中央の機械室に３分され、それぞれの部屋は通じておらず、機器は車体中心線を境に外側に向けて配置されており、点検時は側面の扉を開ける必要がある。EDM22と30はすでに廃車となり、23・31・32の３両が在籍する。

ED18以降は当初より箱型機として製造された。そのうちED23は、歯車比の変更によりEDM23と改められた。
2014.5.25　宇奈月－柳橋　P：寺田裕一

当初より歯車比が変更されたEDM形として新製されたEDM31およびEDM32。
2011.11.14　欅平　P：寺田裕一

ED19として登場し、EDMを経ず直接EDRとなったEDR19。この車両は前面が平妻で、前面窓の張り出しがない。
2014.5.25　宇奈月ー柳橋　P：寺田裕一

●EDR形（EDR17～21・24～29・33）

EDMに比べ牽引定数は33.0tと変わらないものの、全負荷時の最高時速がEDM型の18.1km/hから24.8km/hに向上した。EDR33以外は当初はEDとして登場し、EDR24～29はEDMを経て、EDR17～23は直接EDRとなった。自重は18tとなり、車体はEDR19のみ前面平妻で、その他はEDM形同様前面窓部分が１段張り出している。1994(平成６)年に登場したEDR33は当初から正面１枚窓で、他機も同様に改められている。

EDR29はEDとして登場、EDMを経てEDRとなったうちの１両。
2001.7.20　宇奈月
P：寺田裕一

EDR28の前身、ED28。箱型車体で新製され、EDMを経てEDR28に改造された。正面も1枚窓に改められている。　2001.7.20　出平
P：寺田裕一

EDR26の前身、EDM26。後に正面は1枚窓に改められている。
1991.10.26　宇奈月　P：寺田裕一

EDR17の種車、ED17。凸型車体はED13→EDS13の改造用に転用され、EDR17は箱形車体となった。
1991.10.26　鐘釣
P：寺田裕一

VVVF制御を採用し2011(平成23)年に登場したEDV34+EDV35。V字状の白ラインが目を惹く。
2016.10.23　宇奈月
P：寺田裕一

●EDV形(EDV34～37)

白のラインが入って目新しい。2011(平成23)年10月にEDV34・35が、2019(令和元)年5月にEDV36・37が落成した。VVVFインバータ制御は日本の私鉄電機では初の採用、制御装置の小型化・軽量化のため補助電源装置(SIV)はVVVFインバータ装置と一体化されている。屋根上には発電ブレーキ用の抵抗器2箱1ブロックを1群としたものを2群搭載して防雪カバーで覆う構造としている。最新鋭の主力機として、重連運用で連日活躍している。

2019(令和元)年5月に増備された最新鋭のVVVF機、EDV36+EDV37。　2021.9.26　宇奈月－柳橋　P：寺田裕一

富山地方鉄道デキ14731。1948(昭和23)年製の東芝戦時型標準凸型機で、晩年は除雪用として待機していた。
2006.11.29　稲荷町　P：寺田裕一

23.　富山地方鉄道

富山駅前の電鉄富山から稲荷町、寺田、上市、滑川、新魚津、黒部を経て、宇奈月温泉に至る本線53.3km、寺田から分岐して五百石、岩峅寺を経て立山に至る立山線24.2km、稲荷町～南富山間の不二越線3.3km、南富山～上滝～岩峅寺間の上滝線12.4kmからなる。2022(令和４)年２月22日に富山ライトレール富山港線を合併した奥田中学校前～岩瀬浜間6.5kmも鉄道線であり、鉄道線の合計は99.7kmとなる。

古くは各線で貨物営業が行われていたが、電鉄富山～五百石間の貨物輸送が1983(昭和58)年春に廃止されて、営業列車としての貨物列車は姿を消した。

○デキ14731

1948(昭和23)年５月東芝製40t凸型機。当時全国各地で見られた東芝戦時型標準機で、デキ31として登場した。1949(昭和24)年12月30日には富山地鉄の大改番でデキ14731となった。110kW×４の地鉄一の力持ちで、電鉄富山駅の入換や立山線貨物列車の牽引に活躍した。最後まで残っていた電鉄富山～寺田～五百石間貨物輸送が1983(昭和58)年に廃止されると活躍の場を失い、両端にラッセルヘッドを装着して冬季の除雪用となった。長らく前照灯１灯であったが、1984(昭和59)年にシールドビームに改造された。

1999(平成11)年12月31日付けで除籍された。その後も稲荷町で姿を留めていたが、2007(平成19)年３月27日未明に上市に自走し、解体された。

富山地方鉄道デキ12021は1958(昭和33)年製の東芝製電機で、機関車には珍しいパステルカラーの塗色が異彩を放つ。
2016.10.23　稲荷町　P：寺田裕一

●デキ12021

デキ12021は、1958(昭和33)年8月東芝製の30t凸型機。関西電力黒部川第4発電所用の建設用として新製され、当初は関西電力の所有で関西電力と地鉄両社の社紋を付けていた。

工事終了後は正式に地鉄の車両となり、貨物の牽引に当たった。貨物廃止後はホキ81形を牽引してバラスト散布等に使用される。塗装はオレンジとブルーの塗分けで、異彩を放っている。

1983年当時の富山地方鉄道デキ12021。意外なほど外観面での変化は少ない。　1983.8.27　稲荷町　P：寺田裕一

24. 北陸鉄道

戦時中の1943(昭和18)年10月13日、鉱石輸送のウェイトが高かった尾小屋鉄道を除く石川県下の中小の鉄軌道を中心とする陸上交通事業者が合併して北陸鉄道が誕生。最盛期の鉄軌道事業の営業距離は144.1kmにも達した。しかし、貨物輸送は電車や電動貨車が貨車を牽引することが多く、本格的な電気機関車は元金沢電気軌道石川線のデキ1だけであった。

戦後にはED301をはじめとする電気機関車が加わって活躍し、貨物輸送量は1964(昭和39)年度に全線で40万tにも達した。しかし、鉄道廃止への歩みは早く、1967(昭和42)年2月11日金沢市内線全廃、1971(昭和46)年7月11日加南線全廃、同年9月1日金石線全廃、1972年6月25日能登線全廃、その後も能美線、金名線、小松線、石川線鶴来～加賀一の宮間が廃止となり、2009(平成21)年11月1日以降の鉄道線は、石川線野町～新西金沢～鶴来間と浅野川線北鉄金沢～内灘間のみとなっている。

浅野川線貨物は1972(昭和47)年4月1日、石川線貨物も1976(昭和51)年4月1日に廃止となり、浅野川線に機関車在籍はない。石川線の機関車は冬季の除雪用で、1993(平成5)年4月1日当時は2両、今日でも1両の在籍がある。なお、石川線は存廃問題が起こったが、2023年夏に存続が決定した。

■車両竣工図表　北陸鉄道ED20形ED201　　所蔵：寺田裕一

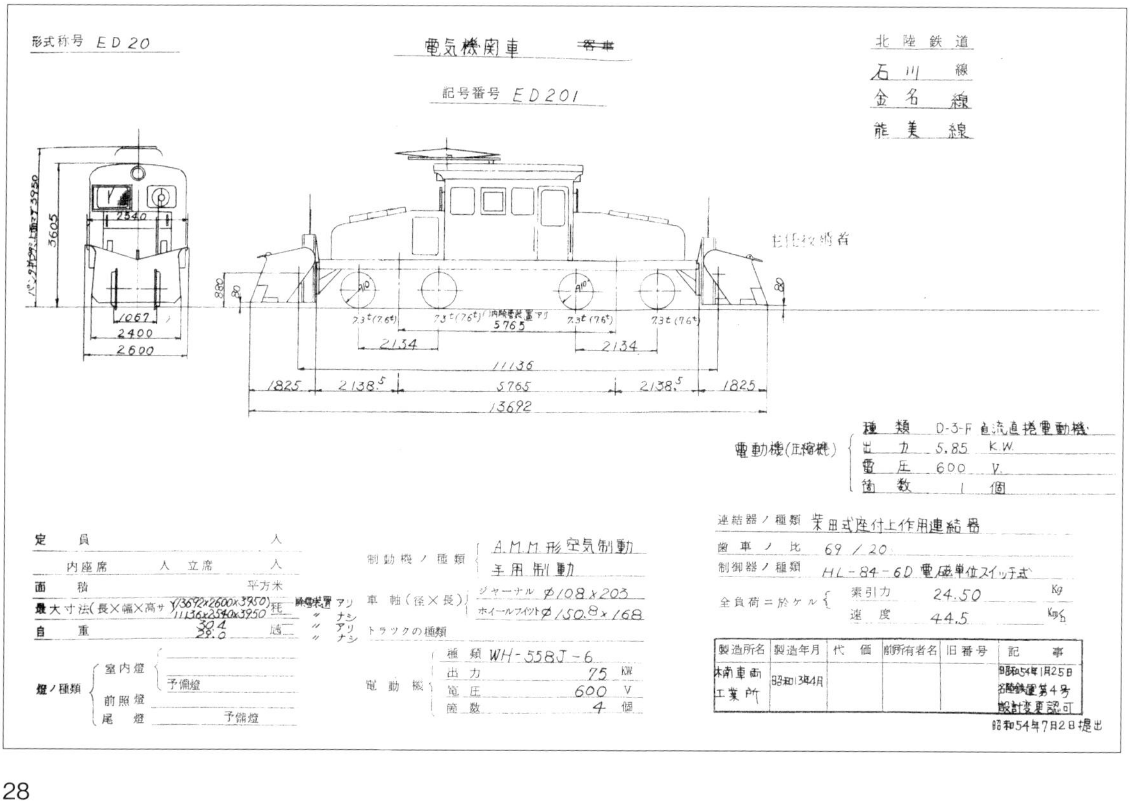

北陸鉄道ED201。現存唯一の木南車輌製電機で1938(昭和13)年製。スノープラウを取付け石川線の除雪用として使用される。
2015.11.7　鶴来　P：寺田裕一

●ED201

1938(昭和13)年３月木南車輌製の凸型機。金沢電気軌道ED１として誕生し、北陸鉄道誕生後1949(昭和24)年10月１日の一斉改番でED201となった。1953年に主電動機がWH-101HからMB-64Cに、1962(昭和37)年に機器部分を1.7m延長し、台車がKS-30に、主電動機もWH-556-J6に手動進段制御(HL)化して自重が23.5tになった。

集電器はもともとポール集電であったが、Ｚパンタを経てパンタ化された。急曲線通過対策として屋根から落ちそうな位置に設置されている。1986(昭和61)年１月にスノープラウ取付枠を設けたことから29.31tとさらに重くなっている。現存する唯一の木南車輌製電気機関車である。

○ED301

1954(昭和29)年10月に北陸鉄道が新製した唯一の電気機関車。メーカーは東洋電機・東洋工機。30t箱型機で、車体裾に丸味がなく台枠が見え、屋根下にヘッダーが全体的に巻かれている。乗務員扉は妻面の正面向かって右にある。性能的にも電車並みで、以前のTR系台車は、国鉄の電気式気動車キハ二36450形の動台車が流用されていた。

1994(平成６)年に台車・主電動機が西武701系のFS342及びHS836Frbに交換され、機関車では珍しいカルダン駆動となった。能美線と金名線が廃止されると除雪用機関車は１両で足りるようになり、2010(平成22)年に廃車、同年11月に若桜鉄道隼駅に無償譲渡された。

北陸鉄道ED301は東洋電機・東洋工機製の30t箱型機で、西武電車からの台車流用も相まって機関車らしからぬユニークなスタイルを持っていた。2010(平成22)年に廃車となり、若桜鉄道隼駅で保存されている。
2007.11.24　鶴来　P：寺田裕一

えちぜん鉄道に2004(平成16)年まで在籍していた電動貨車スタイルの二軸電機ML６(旧京福電鉄テキ６)。左はえちぜん鉄道移管後、右は京福電鉄時代。
左：2010.2.21　勝山／右：1992.9.12　福井口　P(２枚とも)：寺田裕一

25. えちぜん鉄道(←京福電気鉄道)

福井県下で電力事業を行っていた京都電灯が1914(大正３)年２月11日に新福井～市荒川(現在の越前竹原付近)間、３月11日に市荒川～勝山間、４月10日に勝山～大野口間を開業した。戦時中に三国芦原電鉄、丸岡鉄道、永平寺鉄道を合併して、全盛期には京福の福井地区の鉄道線で93.8kmを営業し、貨物輸送の最盛期は1966(昭和41)年度で、47万tを輸送した。

路線の縮小は1968年７月10日限りで廃止の西長田～本丸岡間から始まり、1969年９月18日に永平寺線金津(現在の芦原温泉)～東古市(現在の永平寺口)間、1974年８月13日に勝山～京福大野間が廃止に至った。そして1980年８月１日に福井口～勝山間の貨物営業が廃止になり、最後に残っていた新福井～福井口間の石油関連輸送も1980(昭和55)年10月26日に廃止となった。以降は、テキ６、テキ521・522の３両のみ電気機関車が残り、２度の正面衝突事故で2001(平成13)年６月24日に京福電気鉄道の福井地区全線が運行休止となる。

運行休止中の2002年10月21日に永平寺線は廃止となり、2003(平成15)年２月１日にえちぜん鉄道に事業譲渡がなされた。福井～永平寺口間と福井口～西長田(現在の西長田ゆりの里)の運行再開は2003年７月20日、西長田～三国港間の運行再開は同年８月10日、永平寺口～勝山間の運行再開は同年10月19日であった。

■車両形式図　京福電気鉄道テキ６　　所蔵：寺田裕一

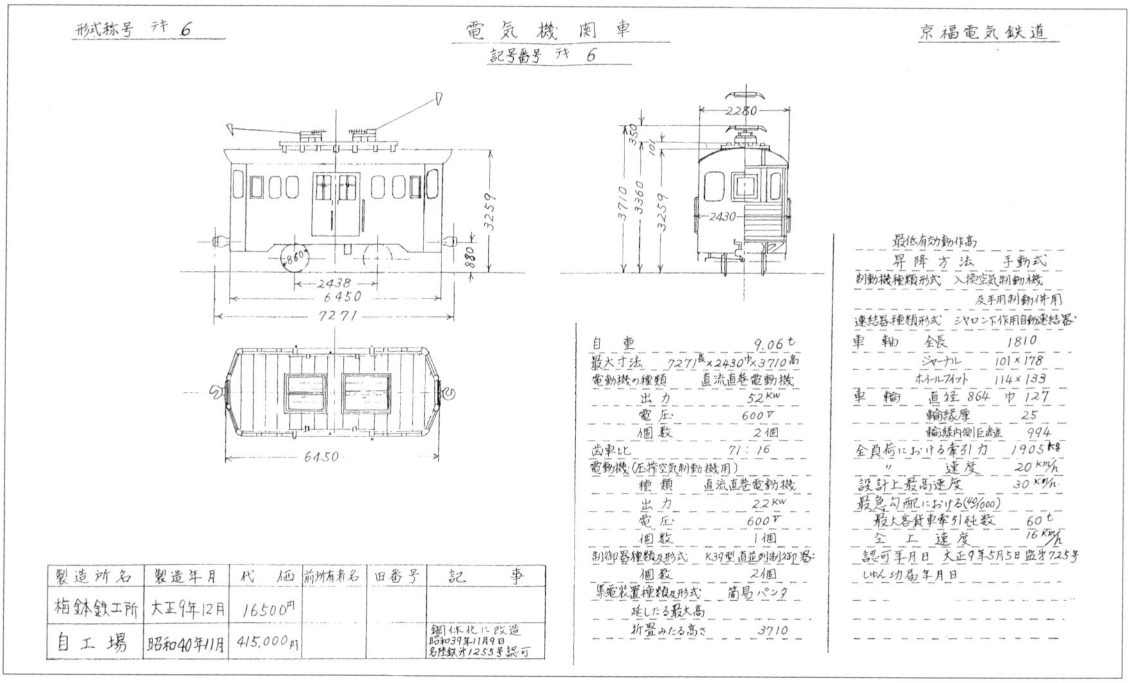

形式称号　テキ　6
電気機関車
記号番号　テキ　6
京福電気鉄道

自重	9.06t
最大寸法	7271長×2430巾×3710高
電動機の種類	直流直巻電動機
出力	52KW
電圧	600V
個数	2個
歯車比	71：16
電動機(圧搾空気制動機用)	
種類	直流直巻電動機
出力	2.2KW
電圧	600V
個数	1個
制御器種類及形式	K39型直並列制御器
個数	2個
集電装置種類及形式	簡易パンタ
延したる最大高	
折畳みたる高さ	3710

最低有効動作高	
昇降方法	手動式
制動機種類形式	入換空気制動機及手用制動併用
連結器種類形式	シヤロン下作用自動連結器
車軸　全長	1810
ジャーナル	101×178
ホイールフイット	114×133
車輪　直径	864　巾 127
輪縁厚	25
輪縁内側距離	994
全負荷における牽引力	1905kg
〃　速度	20Km/h
設計上最高速度	30Km/h
最急勾配における(40/1000)	
最大客貨車牽引屯数	60t
仝上速度	16Km/h
認可年月日	大正9年5月5日監第725号
しゅん功届年月日	

製造所名	製造年月	代価	前所有者名	旧番号	記事
梅鉢鉄工所	大正9年12月	16500円			
自工場	昭和40年11月	415,000円			鋼体化に改造 昭和39年11月9日 名陸鉄第1255号認可

えちぜん鉄道に継承されML521となった元京福電鉄テキ521・522。1949(昭和24)年日立製作所製の凸型電機。２両を永久連結として除雪用に使われる。
2019.4.13　永平寺口
P：寺田裕一

○ML6(テキ６)

1920(大正９)年12月梅鉢鉄工所製。電動貨車スタイルでであったが、登場時から電気機関車の称号テキを名乗る。当初は木造車体で、側面扉は両開き、戸袋窓は楕円形、ポール集電であった。1926(大正15)年７月に自動連結器取り付け、1965(昭和40)年11月に福井口工場で車体鋼体化がなされ、自重が8.85tから9.06tとなった。木製で残っていた側面扉も1977(昭和52)年11月に鋼体化されたが、台車は登場時のままでブリル21E単台車である。

1993(平成５)年11月30日付で一度廃車となったが、1998(平成10)年９月17日に再び車籍を復活してイベント走行を行った。えちぜん鉄道にも車籍が引き継がれたが、2004(平成16)年５月19日に除籍となった。2009(平成21)年８月に勝山駅に移動され、ト68とともに保存されている。

●ML521形(テキ521・522)

1945(昭和20)年７月の戦災でテキ10・11が焼失し、機関車が不足していた折、1948(昭和23)年６月に福井震災が起こり、その復旧資材輸送や白山水系ダム建設に伴う建設資材輸送の増加に対応すべく、1949(昭和24)年５月にテキ521・522が登場した。

日立製作所製の25ｔ凸型機。全長9.7m、車幅2.2 mの小型機で、軌間762mmであった住友別子鉱山鉄道ED101とはほぼ同サイズ。尾灯をボンネット上に移したのは1989(平成元)年12月で、貨物廃止後は冬季の除雪用に残る。

えちぜん鉄道転籍でML521形となり、ATSの取付および運転台周りの機器追加がなされ、521を勝山方とする永久連結とする改造を受けている。冬季は重連で除雪の任にあたるが、それ以外の季節は福井口の車庫に重連の状態で留置されている。

■車両形式図　京福電気鉄道テキ521形テキ522

所蔵：寺田裕一

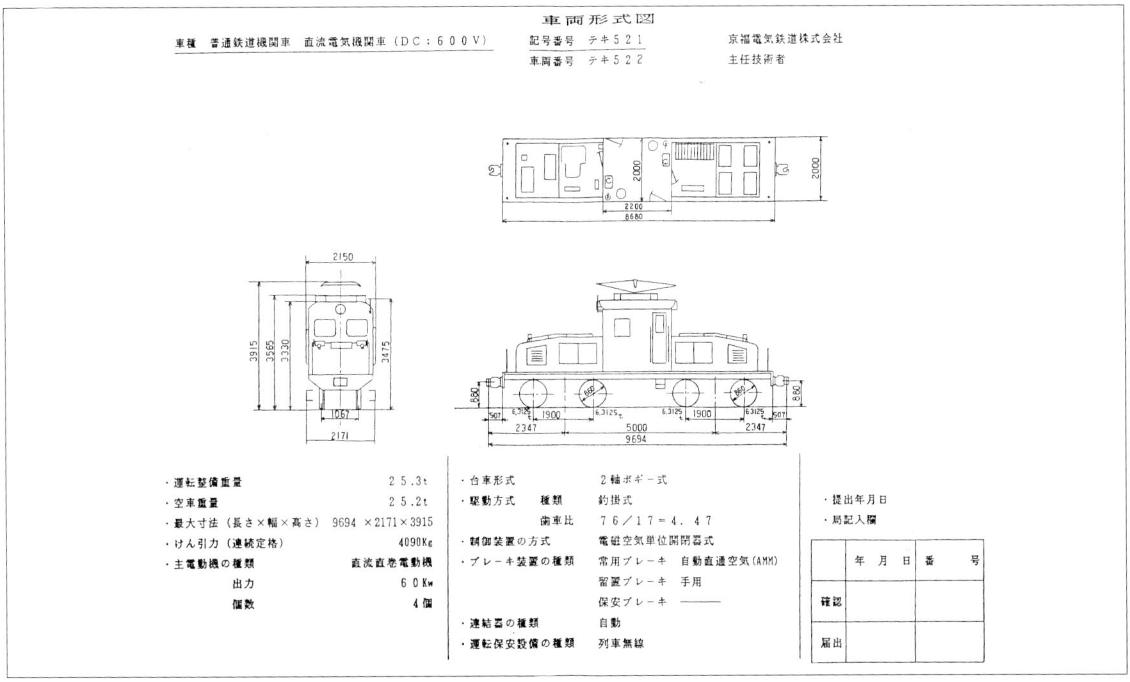

車両形式図

車種　普通鉄道機関車　直流電気機関車（ＤＣ：６００Ｖ）

記号番号　テキ５２１
車両番号　テキ５２２

京福電気鉄道株式会社
主任技術者

・運転整備重量　２５.３t
・空車重量　２５.２t
・最大寸法（長さ×幅×高さ）　9694 ×2171×3915
・けん引力（連続定格）　4090Kg
・主電動機の種類　直流直巻電動機
出力　６０Kw
個数　４個

・台車形式　２軸ボギー式
・駆動方式　種類　釣掛式
歯車比　７６／１７＝４．４７
・制御装置の方式　電磁空気単位開閉器式
・ブレーキ装置の種類　常用ブレーキ　自動直通空気(AMM)
留置ブレーキ　手用
保安ブレーキ　―――
・連結器の種類　自動
・運転保安設備の種類　列車無線

・提出年月日
・局記入欄

	年　月　日	番　　号
確認		
届出		

福井鉄道の名物車両、貨物電車然としたデキ11。後ろに見える凸型電機はデキ３。
1999.11.17　西武生
P：寺田裕一

26. 福井鉄道

福武線は、福武電気鉄道によって1924(大正13）年２月23日に武生新(現在のたけふ新）～兵営(現在の神明）間が開業し、1933(昭和８）年10月15日に軌道による福井駅前(現在の福井駅付近）乗り入れを果たした。開業当初は電動貨車や電車が貨車を牽引し、デキ１が登場したのは1935年であった。

福武電気鉄道は1941(昭和16）年７月に非電化の南越鉄道(社武生～戸ノ口間）を合併し、1945年８月１日に鯖浦電気鉄道と合併して福井鉄道となった。南越線の電化は1948年３月１日、鯖浦線と福武線の線路がつながったのは1947年であった。これにより鯖浦線貨物は従来の鯖江中継から福武線経由武生中継に変わり、1950(昭和25）年にデキ２が増備された。

昭和30年代の全線貨物輸送量は年間20万ｔを超え、武生新～福井新(現在の赤十字前）間の大和紡績貨物や、武生新～西武生(現在の北武）間のタンク車、鯖浦線や南越線でも多かった。南越線貨物は長らく電車牽引であったが、1975(昭和50）年にデキ３が入線した。鯖浦線は1973年９月に全廃、福武線貨物も1979年10月に廃止、最後に残った南越線社武生～五分市間福井化学工業貨物も1981(昭和56）年４月１日の南越線全廃で幕を閉じた。

○デキ２

三井鉱山三井工務所が1949(昭和24）年10月に東芝車両で新製した25t凸型機。戦後の当時は私鉄電機も割当生産で、電機増備を希望していた福井鉄道が鉄道監督局の斡旋を受けて翌年８月に譲り受けた。書類上は譲受であったが、現車は工場から直接到着した。元空気溜が台枠の両端に取り付けられ、出力は71.4kW×４と当線電気機関車中最大で、台車は電車用TR-11改であったが、軸に砂箱が付く。

福武線・鯖浦線貨物列車に使用され、福武線貨物廃止後は西武生の入換機となった。その役割をデキ３にバトンタッチし、2001(平成13）年３月31日に廃車となった。

書類上は三井鉱山三井工務所より譲り受けた1949(昭和24）年製の凸型電機、福井鉄道デキ２。2001(平成13)年に廃車された。
1980.5.3　西武生
P：寺田裕一

1951(昭和26)年東洋電機製の凸型電機、遠州鉄道ED213を譲り受けた福井鉄道デキ3。
2014.5.10　北府
P：寺田裕一

●デキ3

1951(昭和26)年10月東洋電機製の25t凸型機。車体は日本鉄道自動車製。東洋紡績所有の名鉄デキ111として誕生し、遠州鉄道ED213となっていたものを、1975(昭和50)年3月に借り受け、南越線で機関車代用として使用していたモハ111が事故大破したことから、同年8月に譲り受けてデキ3とした。入線時にスノープラウの取り付けと運転席の増設(1席→2席)を行った。

貨物全廃後は西武生工場に放置されていたが、1998(平成10)年にデキ2に代わって入換機に返り咲いている。今は北武で放置に近い状態にある。

●デキ11

有蓋貨車に運転台を付けたスタイルの電気機関車。福武電気鉄道開業時、1923(大正12)年11月梅鉢鐵工所製のデワ1が前身。木造2軸車体であったが、1959(昭和34)年10月に車体・台枠・台車を更新した。1969年4月に台車をモハ511(←北鉄金沢市内線モハ2061←琴平参宮デハ81)発生のC-9に交換。1980年6月から運転台鋼体化、正面運転席を旋回窓とし、両端にスノープラウを取付、制御器をモハ111から転用のHLに、電動機を4個化して、除雪機関車デキ11に生まれ変わった。冬期は軌道区間の除雪に当たるが、2018年の「平成30年豪雪」の際には、2018年1月12日に圧雪に乗り上げて脱線事故を起こし、営業列車の運休が発生する事態となった。2019(平成31)年1月18日に軌陸車が到着して翌日から使用を開始したが、当機も在籍状態を続けている。

除雪用に整備された姿のデキ11。1923(大正12)年梅鉢鐵工所製の電動貨車風機関車で、当初は2軸車であった。
2010.2.21　福井新
P：寺田裕一

重連でセメント列車を牽引する三岐鉄道三岐線ED457ほか。　2023.2.4　東藤原　P：寺田裕一

27. 三岐鉄道

藤原岳からの石灰石を輸送すべく、1928(昭和３)年９月20日に浅野セメント、小野田セメント、伊藤傳七が共同で会社を設立し、1931(昭和６)年７月23日に富田～東藤原間、12月23日に東藤原～西藤原間を開業した。三岐の三は三重県、岐は岐阜県を示し、西藤原から先、関ヶ原に至る計画であった。

蒸気鉄道で営業を開始し、1954(昭和29)年３月29日に1,500V電気運転を開始した。この日から貨物列車の牽引機は蒸気機関車から電気機関車に変わり、伝統的に貨物収入が旅客収入を上回る、貨物主体の鉄道として発展を遂げた。この地域の旅客の動脈は今以上に近鉄名古屋線であったため、1970(昭和45)年６月25日に近鉄富田に乗り入れる近鉄連絡線が開業した。

2000(平成12)年７月から始まった中部国際空港の埋立用土砂輸送は、電気機関車の陣容強化につながった。先に購入していた東武ED5069をED459とし、大井川鉄道ED50形２両が転入し、秩父鉄道デキ200形２両も譲り受けた。2002(平成14)年12月に中部国際空港建設貨物輸送が終了するとED50形２両とデキ200形は姿を消し、その前後に東武鉄道から３両が転じた。現在の在籍は12両で、旅客輸送と貨物輸送が混在する今では珍しい路線として活躍を続けている。

三岐鉄道ED45のトップナンバー、ED451。1954(昭和29)年東洋電機製で、他社の同型車と同様、車体裾に丸みがある。
2015.6.13　富田　P：寺田裕一

1957(昭和32)年に新造され富山地方鉄道経由で入線したED454・455は、車体裾の丸味がなくなった。
2019.4.19　保々
P：寺田裕一

●ED45形概説

ED45形は本線貨物列車牽引用の45t箱型機で、右側運転台が珍しい。電化時の新製車、富山地方鉄道からの譲受車、その後の増備車、東武鉄道からの譲受車のグループに分類できる。経歴は異なるものの主要機器は統一されて同一に運用される。主電動機はMT-40B(142kW)×4で、制御方式は単位スイッチ式。通常は重連で富田〜東藤原間貨物輸送に当たる。

●ED451〜453

電化時前後の1954(昭和29)年2月と10月に東洋電機で新造された。東洋電機製らしく車体裾に丸味を持つ。庇は、451は正面窓両側に、452と453は運転台側のみ設置されている。

当初はヘッドライト1灯で重連総括不能であったが、1969(昭和44)年に総括制御可能となり、その後、シールドビーム化された。台車は東武中古のDTH57に変更されている。車体裾の丸味は、今日では珍しい。

●ED454・455

1957(昭和32)年5月東洋電機製で、富山地方鉄道で有峰ダム建設のためのセメント輸送に当たったのち、1960年1月と9月に入線した。当初からダム工事終了後は三岐鉄道に譲渡する予定で、ED451〜453に準じた設計になっていた。ただ、車体裾の丸味はなく、側窓の大きさも異なる。

入線後は451〜453と同様の改造を受け、台車のDTH57への改造は1987(昭和62)年6月30日であった。

●ED456・457

セメント輸送の増大に伴って2両が増備された。ED456は1962(昭和37)年東洋電機製。ED457はED456から10年以上が経過した1973(昭和48)年製で、電気機器は東洋製であるものの車体は西武所沢工場製に変わっている。457の台車は従来の板台枠式からFS43となり、当初から重連総括可能で、埋込シールドビームであった。他車と同様に台車はDTH57に変更されている。

1962(昭和37)年東洋電機製のED456。同形式ながら長期にわたる増備で垢抜けした外観になっている。
2019.11.16　富田
P：寺田裕一

東武鉄道より譲渡されたED5001を1993(平成５)年にED458として改番したもの。ED45形では唯一、車体側面のエアフィルターがない。
2019.3.9　東藤原　P：寺田裕一

●ED458

東武鉄道が1950(昭和25)年に東京芝浦電気で新造したED5001を1979(昭和54)年７月30日に譲り受けた。入線時に名鉄住商鳴海工場で右運転台化がなされ、重連総括制御化などの改造を受けた。

ED5001のままED45形と共通運用であったが、1993(平成５)年５月30日にED458へ改番された。

ED458に改番される前のED5001。台車も現在とは異なりTT50を履いている。　1986.11.6　富田　P：寺田裕一

●ED459

1963(昭和38)年10月東芝製の元東武鉄道ED5069で、東武の貨物縮小によって1991(平成３)年11月26日に東武廃車。その年のうちに三岐入りしたが改造工事が中断したままになっていた。

2001年７月末から中部国際空港埋め立て用土砂輸送が始まることに先立ち、運転台の右側移設、正面貫通路の変更、総括制御化を実施して、2000(平成12)年７月７日に竣工した。右運転台での新造・改造は今のところ、この機関車が最後である。

東武鉄道よりED5069を1991(平成３)年に譲り受けたものの、三岐での竣功は2000(平成12)年となったED459。
2018.8.20　東藤原
P：寺田裕一

入線間もない頃のED5001（→ED458）。次位のED45形も含め台車交換前の姿である。
1980.12.20　伊勢治田
P：寺田裕一

南海電気鉄道の貨物廃止に伴い、同社よりED5202を1984（昭和59）年に譲り受けたもので、三岐ではED301とされた。グレーにオレンジ帯の塗装で異彩を放つ。
2017.5.20　保々
P：寺田裕一

●ED301

1963（昭和38）年東芝製の38t凸型機で、南海電気鉄道ED5202として誕生した。南海本線の高速列車の合間を縫って走っていたことから、当初から弱め界磁を採用。主電動機はSE-192（110kW）であったが、1973年の1,500V昇圧時にMT-40となった。

南海電鉄の貨物廃止により1984（昭和59）年7月1日に廃車となり、同年8月18日付けで三岐入りし、ほとんど改造することなく使用を開始した。当初は富田駅の入換用であったが、すぐに太平洋セメント藤原工場の入換機となり、検査時以外は外へ出てこない。南海が貨物輸送を行っていたことを伝える貴重な存在。

ED301は1963（昭和38）年東芝製の凸型機で、入線後しばらくは他の機関車と同様、茶色に黄帯の塗色であった。
1989.10.15　富田
P：寺田裕一

大井川鐵道から入線したED501形。手前のED502は三岐鉄道に買い取られたが、奥のED501は入線後３年で大井川鐵道に返却された。
2000.8.6　保々　P：寺田裕一

○ED501・502

1956（昭和31）年日立製作所製の50t箱型機。大阪セメントの伊吹工場専用線で長年活躍した。同社のセメント輸送が1999（平成11）年６月末限りでトラックに切り替えられ、廃線とともに大井川鉄道入りした。大井川では2000（平成12）年２月22日付けで竣工したが、中部国際空港への土砂輸送業務を請け負った当線への異動が急に決まり、2000年６月10日付けで三岐竣工となった。501は３年間の借り入れ、502は買い取った。中部国際空港建設工事期間中は、ED45形に混じって本線貨物列車を牽引した。前照灯が２灯化されるなど三岐仕様に改造されたが、運転台は左側のままで、502には三岐の社紋が付けられた。

2003（平成15）年２月７日から12日に最終運用が行われ、501は2003年３月に返却、502は2003年３月18日に廃車、西藤原で静態保存ののち、2014年に保々に回送され、2015（平成27）年５月に解体された。

○デキ202・203

1963（昭和38）年日立製の50t箱型機で、秩父鉄道デキ202・203として誕生した。秩父鉄道デキ200形は、201～203の３両が新造されたが、特殊な構造が災いして、先輩格のデキ100形よりも先に貨物牽引の運用を離れ、201はパレオエクスプレス専用機に、202と203は2000（平成12）年６月30日に廃車となった。

三岐での竣工は2000年７月15日で、入線に当たっての改造はほとんどなく、重連総括制御やATSを装備せず、社紋が取り付けられた程度で、秩父時代の塗装のまま使用を開始した。１両が東藤原の入換機、もう１両はその予備機で、保々待機。中部国際空港建設の埋立土砂輸送が終了すると休車状態になり、2011（平成23）年３月31日に廃車となった。

秩父鉄道からの譲渡車で、同鉄道の塗色のまま使用されていたデキ201形（202）。
2001.9.29　保々
P：寺田裕一

東武鉄道から譲渡されたED5081形２両は、左運転台のまま主に同形式の重連で使用される。　2015.10.3　東藤原　P：寺田裕一

●ED5081形（ED5081・5082）

元東武鉄道ED5080形で、成田空港建設用砕石輸送用に新東京国際空港公団の私有機として1970（昭和45）年に東芝で３両が新造された。1978（昭和53）年11月の空港完成に伴い東武鉄道に編入され、2003（平成15）年の東武貨物廃止により２両が三岐鉄道に転じた。

ED5081は2014（平成26）年、ED5082は2011（平成23）年に竣功した。この２両は右運転台には改造されず、別形式となった。基本的には左運転台の２両が重連で貨物列車の牽引を行う。

三岐鉄道では2014（平成26）年竣功のED5081。
2019.11.16　富田　P：寺田裕一

三岐鉄道では2011（平成23）年竣功のED5082。
2019.11.16　富田
P：寺田裕一

彦根駅で貨物列車入換中のED141。1926(大正15)年米国ゼネラル・エレクトリック製の国鉄ED14形がそのルーツで、４両すべてが近江鉄道に譲渡されたが、残念ながら現存車はない。
1973.9.14　彦根　P：寺田裕一

28.　近江鉄道

東海道本線の米原、彦根から分岐して八日市を経て貴生川に至る近江本線、高宮から分岐して多賀大社前に至る多賀線、近江八幡から分岐して八日市に至る八日市線からなる。

近江本線の歴史は古く、1898(明治31)年６月11日に彦根～愛知川間が軌間1,067mmの蒸気鉄道として開業し、1900(明治33)年12月28日に貴生川に達した。参詣路線として賑わいを見せたのは1914(大正３)年３月８日開業の多賀線で、近江鉄道は多賀大社と伊勢神宮を結ぶ路線として脚光を浴びた。

電気運転は1925(大正14)年３月12日に彦根～多賀(現在の多賀大社前)間が600V電化し、全線の電化には多額の資本を要することから、1926(大正15)年10月１日に宇治川電気の系列となった。1928(昭和３)年４月18日に多賀線を含む全線の1,500V電化が成り、1931(昭和６)年３月15日に米原～彦根間が開業した。戦時中に電力会社の鉄道兼営が禁じられると、近江鉄道は地元出身の堤康次郎に助けを求めて1943(昭和18)年５月10日に箱根土地の傘下となった。

八日市線は、全く異なる生い立ちを持つ。1913(大正２)年12月29日に湖南鉄道として新八幡(現在の近江八幡)～八日市口(現在の新八日市)間が蒸気動力で開業。1927(昭和２)年５月15日に琵琶湖鉄道汽船が湖南鉄道を合併。琵琶湖鉄道汽船は京阪に合併されるが、京阪は旧湖南鉄道には興味を示さず、1929(昭和４)年４月１日に近江八幡～新八日市間は琵琶湖鉄道汽船から八日市鉄道に譲渡された。

八日市鉄道は1930(昭和５)年10月１日に新八日市～飛行場(後の御園)間を開業。戦時中に陸運事業の統合が進められると、八日市鉄道は1944(昭和19)年３月１日に近江鉄道に合併され、八日市線となった。近江鉄道に取って離れ小島的な八日市線を本線とつなぐのは当然の流れで、1946(昭和21)年１月１日に新八日市～八日市間が開業して、近江八幡～新八日市間を電化した。残る新八日市～八日市間の電化は同年８月２日で、こうして現在の路線網が完成した。

旅客の漸減状態を支えたのは、彦根～多賀間のセメント原石輸送とキリンビール輸送、近江八幡～新八日市間の一般貨物輸送を中心とする貨物輸送で、運輸収入の20％近くを占め、1972(昭和47)年度の貨物輸送量は133万tに達した。しかし国鉄貨物縮小が起こると、頼みの綱であった貨物輸送量も激減。1988(昭和63)年３月12日には鳥居本～彦根間に残っていた石油タンク輸送が廃止になって、貨物輸送が消滅した。

1999(平成11)年７月末からは全線で全長20m車の運行が可能になった。皮肉なことにこの頃から輸送人員の減少が激しくなり、2016(平成28)年に「単独経営

国鉄ED31形を譲り受けた近江鉄道ED31形(312)。そのルーツは1923(大正12)年に伊那電気鉄道が発注したデキ１形で、同鉄道の国有化で飯田線となった後に３社に譲渡されたが、近江鉄道には最終的に６両中５両が集結した。
1980.11.1　鳥居本
P：寺田裕一

での運営は困難」と滋賀県に申し入れた。県は沿線自治体と協議を重ね、最終的には2024年度から上下分離方式への移行が決まった。沿線自治体が鉄道施設を保有管理し、近江鉄道は運行に専念する。

貨物廃止後も長らく彦根で近江鉄道ミュージアムの展示品として電気機関車の保存を続けてきたが、2018(平成30)年12月８日に閉鎖に至った。機関車は解体または保存等に回り、彦根の地からは姿を消した。保線用に車籍が残っていた電車と貨車も2023(令和５)年４月１日に除籍となり、在籍車両は現役の電車のみに変わっている。

○ED14形(ED141～144)

東海道本線東京～国府津間が電化して間もない1926(大正15)年に輸入した米国ゼネラル・エレクトリック製の60t機。東海道本線を追われてからは中央・仙山線で貨物牽引に当たっていたが、1961～1965年に廃車。1960(昭和35)年からセメント原石輸送の始まった近江鉄道が全機を譲り受けた。

250kW×４の電動機出力を活かし、セキ10両からなる原石輸送の牽引に活躍した。原石列車の運転区間は彦根～多賀間で、それ以外への入線はなかった。車体はリベットが並んで重量感が漂った。GE製の特徴である田の字型の窓が143・144の一部に残った。

鉱石輸送が廃止されると142・143が1986(昭和61)年４月１日付けで休車。144は1986年10月のガチャコンまつりに合わせて、国鉄時代のぶどう色に変更された。2004(平成16)年７月１日に142・143は廃車となり、４両揃って彦根駅構内の近江鉄道ミュージアムで展示されていたが、2018(平成30)年12月８日の閉館後、2019年３月13日から14日に奈良県の解体場にED141が陸送されて４両全てが姿を消した。

ED144は1986(昭和61)年にぶどう色に塗色変更され、廃車時まで国鉄時代の雰囲気を再現していた。
2004.10.24　彦根
P：寺田裕一

近江鉄道ED31形は車体を石川島造船所で、電気機器を芝浦製作所で製造した40t凸型機。写真の４号機は東近江市の近江酒造敷地で静態保存されている。近江酒造は2023年６月末で酒造業を休業したが、保存機は残されている。　2004.10.24　彦根　P：寺田裕一

○ED31形（ED311 ～ 315）

伊那電気鉄道（現在のJR飯田線の一部）が1923（大正12）年に石川島造船所（車体）と芝浦製作所（電気機器）で製造した40t凸型機。国産電機では最も初期の部類で、大きなボンネットが特徴。当初はデキ１～６を名乗り、直流1,200V対応であった。

戦時中に伊那電気鉄道は国有化されて飯田線となり、1,500V対応に改造された。1952（昭和27）年にED31形ED311 ～ 316に改称され、伊那松島機関区配属で天竜峡以北の飯田線で使用された。1955（昭和30）年から廃車が始まり、1955年に311と312を西武鉄道、313と315を近江鉄道に払い下げ、1957年に残りの314が近江鉄道、316が上信電鉄に転じた。西武の２両は１（三代目）・２（二代目）となって多摩川線で使用された後に1960（昭和35）年に近江鉄道に再譲渡され、ED311 ～ 315の５両が近江鉄道に集結した。

近江では一般貨物牽引機として全線で活躍したが、八日市線貨物廃止により311・312・315が休車となり、貨物全廃で313・314も定期運用がなくなった。315は1990（平成２）年12月17日、311・312は2004（平成16）年７月１日、314が2010（平成22）年に廃車となり、2011年時点で313のみ車籍を有した。315は台車がKS-33Lに交換されて他機と異なる外観となり、５機が揃って彦根で留置されていたが、2017（平成29）年12月に311・312・315が解体され、314はクラウドファンディングにより近江酒造敷地に、313は2020（令和２）年１月17日に芝浦製作所の後身である東芝インフラシステムズに搬出された。

近江鉄道ED31形。写真の３号機は機器製造元の芝浦製作所の後身である東芝インフラシステムズに搬出され、今後の処遇が注目される。
1989.2.9　彦根
P：寺田裕一

近江鉄道ED4001は、1930（昭和５）年英国E.E社で製造された東武鉄道最初の電気機関車であるED101（→ED4001）を1973（昭和48）年に譲り受けたもの。
1986.11.6　彦根
P：寺田裕一

○ED4001

1930（昭和５）年イングリシュ・エレクトロリック製の50t機。左右非対称の前面デザインが特徴。東武ED101として登場したが、運転時に電圧降下を引き落としたことから本線貨物牽引の座を奪えず、晩年は入換機となっていた。1955（昭和30）年にED4001と改番された後、1973（昭和48）年１月30日付けで近江入り。当時最盛期を迎えていた原石輸送に当たった。

貨物廃止後は出番がなく、2004（平成16）年７月１日廃車。しばらくは彦根駅構内で保存されたが、2009（平成21）年に東武博物館で保存されることとなり、同年７月に東武鉄道に返還され、ED101のナンバーを付けて保存されている。

ED4001は両サイドで窓配置が異なる。同車は廃車後に東武鉄道に返還され、現在は東武博物館で静態保存されている。
2004.10.24　彦根　P：寺田裕一

○ロコ1101

阪和電鉄が開業に備えて発注した入換機。製造は日本車輛（車体）と東洋電機（機器）。直接制御ながら回生・発電ブレーキを備え、地平の阪和天王寺駅で、掘割の省線の間に設けられた33.3‰の急勾配区間で貨車の受け渡しを行った。阪和電鉄は南海を経て国有化され、国有化後に杉本町～竜華（操）間貨物線ができるとお役御免になり、1949年に近江鉄道に貸出、1951（昭和26）年４月１日に正式譲渡された。

近江でも終始入換機で、改番もなされなかった。最晩年は阪和唯一の生き残りで、2004（平成16）年７月１日に廃車となった。車籍がなくなってからも構内入換機として使用され、2018（平成30）年12月８日に近江鉄道ミュージアムが閉鎖に至ると解体された。

近江鉄道ロコ1001は、阪和電鉄（JR阪和線の前身）が発注した1930（昭和５）年日車製の凸型電機で、1951（昭和26）年に近江入りしたもの。阪和電鉄最後の生き残りであったが、惜しくも解体された。
1986.11.6　彦根
P：寺田裕一

近鉄デ31形は1948(昭和23)年三菱電機製の箱型機。写真のデ33は2000(平成12)年に廃車となったが、現在無車籍のデ32が構内入換用として残る。
1980.3.24　烏江付近　P：吉里浩一

29. 近畿日本鉄道

1989(平成元)年の養老線(現在の養老鉄道)を最後に、近鉄の営業用貨物列車の運転は終了した。最盛期は３つのゲージに25両もの電気機関車が在籍したが、1993(平成５)年４月１日在籍車は２両だけで、その２両も2000年11月に廃車となった。

○デ31形(デ31・33)

1948(昭和23)年に三菱電機で軌間1,067mmの40t箱型機としてデ31～33が誕生した。小田急デキ1043、神戸電鉄ED2001と似たスタイルであったが、当機が最も小型で、パンタグラフは当初から１基のみであった。

31は伊賀線(現在の伊賀鉄道)に、32は名古屋線に、33は南大阪線に配属。32は名古屋線改軌とともに広軌化されて自重が増し、エアータンクが移設された。33は1964(昭和39)年に、31も1971(昭和46)年に養老線に転属、前照灯のシールドビーム２灯化、前面に入換用の手すりが取り付けられた。

養老線貨物廃止を経て31と33は2000(平成12)年11月に廃車となり、その後に解体された。32は1983(昭和58)年に除籍後、塩浜研修車庫の入換機となり、ライトブルーとホワイトの塗分けに変わって、今も稼働している。

701に改番前の神戸電鉄ED2001。1949(昭和24)年三菱製の箱型電機で、急勾配に備え抑速発電ブレーキのほか非常用の電磁吸着ブレーキを装着する。
1982.6.11　鈴蘭台
P：吉里浩一

工事用列車を牽引する神戸電鉄701。粟生線延伸時の資材輸送用として新製、貨物列車牽引用を経て晩年は工事用列車の牽引に用いられた。
2010.7.23　二郎－道場南口　P：吉里浩一

30. 神戸電鉄

古代以来温泉地として有名であった有馬と、神戸を結ぶ神戸有馬電気鉄道は、1928(昭和３)年11月に湊川～電鉄有馬(現在の有馬温泉)間を一気に開通させた。神有電鉄はその年の12月に唐櫃(現在の有馬口)～三田間を延長して全長34.5kmとなった。鈴蘭台～三木福有橋(現在の三木)間は三木電気鉄道によって1938(昭和13)年１月に全通して、1947(昭和22)年１月に神有電鉄が三木電鉄を合併して神有三木電鉄が誕生した。神有三木電鉄は1949(昭和24)年４月に神戸電気鉄道と改称し、1952(昭和27)年４月に三木線の粟生延伸を果たした。

この粟生延伸工事の資材輸送用として新造されたのがED2001で、粟生延伸後は国鉄加古川線からの貨車の牽引にも活躍した。しかしこの貨物は少量で、1963(昭和38)年９月１日に国鉄貨車乗り入れはなくなった。その後は工事列車の牽引が主な任務となった。神戸電鉄では1990(平成２)年８月に事業用車両の形式を700番代に統一し、当機は701に改番された。

○701

1949(昭和24)年４月にED2001として誕生した。車体は三菱重工業三原製作所、電気機器は三菱電機製の45tデッキ付箱型機。電動機出力は128kW×4、50‰の急勾配が随所にあるため、抑速発電ブレーキの他に電磁吸着ブレーキを非常用に備えた。

1975(昭和50)年にATS取付のためにブレーキが改造され、パンタ１基撤去、前照灯のシールドビーム化がなされた。1990(平成２)年８月に事業用車両の車番変更がなされて700形701に改番がなされたが、2010(平成22)年11月末に休車となり、2011年３月31日に廃車となった。

1990(平成２)年に改番された後の神戸電鉄701。2011(平成23)年に廃車となった。
2005.1.2　鈴蘭台　P：寺田裕一

■私鉄電気機関車一覧表(下巻分)

作成：寺田裕一

会社名	形式	番号	両数	最大寸法(mm)			自重(t)	主電動機			歯車比	定格		制御装置			台車	製造		自社使用開始年月日	前所有社・番号	廃車年月日
				長さ	高さ	幅		製造所	形式	出力(kW×個)		引張力(kg)	速度(km/h)	製造所	形式	種類		年				
岳南鉄道	ED29	291	1	11,240	4,135	2,713	40.7	三菱	MT-15	104×4	3.83	5,150	27.0		SR-103	電空	板台枠	昭2.12	日車	昭34.9	国鉄ED291	2012.3.17
	ED40	402・403	2	12,850	4,200	2,740	40.0	日車	NE-128	128×4	4.56	5,900	31.0	日車	NC-620	〃	NL-12	昭40.10	日車	昭47.1	松本ED402・403	〃
	ED50	501	1	10,128	3,990	2,702	40.0	川車	K-7-1503C	112×4	4.29	6,640	24.0		SR-103	〃	棒台枠	昭3	川造	昭45.3	名鉄デキ501	〃
大井川鐵道	E10	101・102	2	12,800	4,200	2,708	45.0	三菱	MB-266A	150×4	4.44	7,000	31.3	三菱		電空	型鋼組立ウィング	昭24	三菱	昭24.12	(新造)	—
	〃	103	1	12,850	4,040	2,700	45.0	日立	HS-276-A	〃	4.35	6,160	34.7		SR-103	〃	型鋼組立イコライザー	昭24	日立	昭61.5	岳南ED103	2016.6
	E31	E32～34	3	10,950	3,876	2,740	40.7	三菱	MB-164D	131×4	3.37	5,300	33.0		EU14AS	〃	DT20A	昭61	西武所沢	平29.3.31	西武E32～34	—
	ED501	ED501	1	12,600	3,830	2,700	50.0	日立	HS277-Br16	150×4							組立台枠	昭31.1	日立	平12.2.22	住友大阪いぶき501	—
	〃	ED502	1	〃	〃	〃	〃	〃	〃	〃							〃	昭31.2	〃	平12.4.25	住友大阪いぶき502	2000.5.17
	ED90	1～3	3	14,020	3,860	2,060	56.0	日立	粘着HS22228 ラックHS22337	53×4 175×4	13.27 11.26	13,780				電空	MH-108	平2	日立	平2.10	(新造)	—
遠州鉄道	ED28	282	1	9,090	4,090	2,405	25.4		DK-36	74×4	5.4	3,200	20.0			電カム	板台枠	大14	E. E	昭35.1	国鉄ED282	—
豊橋鉄道	デキ210	211	1	9,271	3,869	2,508	20.0	W.H	WH-646J	48.5×4	3.14	1,920	34.5			直	27-MCB-1	大12	日車	昭29.10	名鉄デキ362	1997.7.20
名古屋鉄道	デキ300	303	1	10,152	4,017	2,678	30.5	東洋	TDK-516E	60×4	5.00	2,268	29.8	三菱	HB-12-241	電空	板台枠	昭2.8	三菱	昭2	三河キ12	2014.3.3
	〃	305	1	10,150	4,027	2,630	〃	〃	〃	〃	〃	〃	〃	〃	〃	〃	〃	昭4.9	〃	昭4	三河キ14	2014.2.5
	〃	306	1	10,178	〃	〃	29.8	〃	〃	〃	〃	〃	〃	〃	〃	〃	〃	昭3.6	〃	昭11	一畑1	〃
	デキ370	376・378・379	3	9,258	4,000	2,489	24.8	W.H	550-JF6	48.5×4	4.56	2,960	24.0	〃	HL-UP-82	〃		昭3.7	日車	昭3	愛電キ376・378・379	2007年
	デキ400	401・402	2	11,052	4,120	2,700	40.0	W.H	576-JF6	90×4	4.79	4,750	27.5	W.H	HL-UP-84	〃	板台枠	昭6.2/昭5.2	〃	昭6・昭5	愛電401・400	2016.6.6
	デキ600	601・604	2	11,050	4,056	2,865	40.0	東芝	SE-1300	110×4	4.65	6,500	24.3	東芝	〃	〃	〃	昭18.7	東芝	昭18.7	(新造)	2015.7.21
	〃	602・603	2	〃	〃	〃	〃	〃	〃	〃	〃	2,770	18.1		HL-UN-11	〃	〃	〃	〃	〃	〃	〃
	EL120	121・122	2	12,000	4,095	2,731	39.8	東芝	SEA435	190×4	6.53		55.0	東芝	1GBT-VVVF インバータ		FS571MB	平27	東芝	平27	(新造)	—
黒部峡谷鉄道	ED	ED8	1	6,040	2,704	1,662	15.2	東洋	TDK-587-A	30.6×4	6.07	2,960	16.0		DB3-LA	直	板台枠	昭9.4	東洋	昭9	(新造)	1994.9.12
	〃	ED9	1	〃	〃	〃	〃	〃	〃	〃	〃	〃	〃		〃	〃	〃	〃	〃	〃	〃	—
	〃	ED10	1	〃	2,730	〃	〃	〃	〃	〃	〃	〃	〃		〃	〃	〃	〃	〃	〃	〃	—
	〃	ED11	1	〃	〃	〃	〃	〃	〃	〃	〃	〃	〃		DR2-BC546A	〃	〃	昭32.8	ナニワ	昭32	〃	2013.12
	EDS	EDS13	1	6,900	2,728	1,646	15.2	日立	TCO-H60	30.6×4	5.73	3,100	16.0		DR2-BC546A	〃	〃	昭32.9	日立	昭32	〃	1993ED→EDS
	ED	ED18～21	4	6,900	2,730	1,662	15.5	日立	TO-H60	35×4	5.57	3,650	13.7		UC	電カム	〃	昭41～52	〃	昭41～52	〃	1993ED→EDR
	EDM	EDM22～32	11	6,900	2,730	1,662	16.8*	日立	TO-H60	35×4	4.11	3,650	18.1		UC	電カム	〃	昭55～平3	〃	昭55～平3	〃	22と30は廃車 24～29はEDR
	EDR	EDR17～21 24～29・33	12	〃	〃	〃	18.0	日立	HS-102Hrb	42×4	5.57	3,650	24.8			電カム	〃	昭33.4	〃	昭33	〃	1993ED→EDR
	EDV	EDV34・35	2	〃	〃	〃	〃	日立	TDK6412-A	42×4	5.57				RG6017-A-M	IGBT素子	〃	平23.10	川崎重工	平23.10	(新造)	—
	〃	EDV36・37	2	〃	〃	〃	〃	〃	〃	〃	〃				〃	〃	〃	令元.5	〃	令元.5	〃	—
	EHR	EHR101・102	2	〃	〃	〃	15.5	日立	HS-102Hrb	42×4	4.11	2,425	24.8		UC	電カム	〃	昭49.6	日立	昭49.6	(新造)	—
富山地方鉄道	デキ12020	デキ12021	1	11,000	4,070	2,736	30.0	東芝	SE-173B	90×4	4.06	4,400	29.2	東芝		電カム	TT-53	昭33.8	東芝	昭33.8	関西電力	—
	デキ14730	デキ14731	1	11,050	4,100	2,800	40.0	東芝	SE-130C	110×4	4.65	6,500	24.3	〃		〃	板台枠イコライザー	昭23.5	〃	昭23.5	(新造)	1999.12.31
北陸鉄道	ED20	ED201	1	11,136	3,950	2,540	29.3	W.H	WH-558J	75×4	3.45	2,450	44.5		HL-846D改	電空	KS30L	昭13.3	木南	昭14.7	(新造)	—
	ED30	ED301	1	11,600	3,960	2,700	30.0	日立	HS836Frb	120×4	5.6				HL-74	〃	FS342	昭29.10	東洋	昭30.1	(新造)	2010年
えちぜん鉄道	テキ6	6	1	7,271	3,710	2,430	9.06		GE-281-BX	52×4	4.44	1,905	20.0			直	ブリル21E	大9.12	梅鉢	大9.12	(新造)	2004.5.19
	ML521	テキ521・522	2	9,694	3,915	2,171	25.3	日立	TCH-60	60×4	4.47	4,090	21.0		LCPL-20S	電空	板台枠	昭24.5	日立	昭24.6	(新造)	—

＊EDM32は18.0t

会社名	形式	番号	両数	最大寸法(mm)			自重(t)	主電動機			歯車比	定格		制御装置			台車	製造		自社使用開始年月日	前所有社・番号	廃車年月日
				長さ	高さ	幅		製造所	形式	出力(kW×個)		引張力(kg)	速度(km/h)	製造所	形式	種類		年				
福井鉄道	デキ2	デキ2	1	9,600	4,300	2,465	25.0	東芝	SE170	74.6×4	4.56	3,940	28.5	東芝	LCPL-20S	電空	TR11改	昭24.11	東芝車両	昭25	三井三池	2001.3.31
	デキ3	デキ3	1	8,390	3,953	2,400	〃	東洋	TDK-516-3E	60×4	4.6	2,780	32.5	〃	ES-530-B	電カム	NT-25	昭26.10	日鉄自	昭50	遠州ED213	—
	デキ11	デキ11	1	10,328	4,200	2,600	16.7	東芝	SE-131A	37.5×4	4.5	1,850	29.5	〃	HL	電空	C-9	大12.11	梅鉢	大12	（新造）	—
三岐鉄道	ED45	ED451～453	3	12,800	3,985	2,640	45.0	東洋	MT-40B	142×4	4.24	5,440	35.0	東洋	ES76	電空	DTH57	昭29.2	東洋	昭29	（新造）	—
	〃	ED454・455	2	〃	〃	2,600	〃	〃	〃	〃	〃	〃	〃	〃	〃	〃	〃	昭32.5	〃	昭35	富山地鉄デキ 19041・19042	—
	〃	ED456	1	〃	〃	2,641	〃	〃	〃	〃	〃	〃	〃	〃	ES76C	〃	〃	昭37.1	〃	昭36.11	（新造）	—
	〃	ED457	1	〃	〃	〃	〃	〃	〃	〃	4.56	〃	〃	〃	〃	〃	〃	昭48.10	西武所沢	昭48.11	〃	—
	〃	ED458	1	12,650	3,960	2,720	45.5	〃	〃	〃	4.24	4,960	38.5	東芝	〃	〃	〃	昭25.6	東芝	昭54.9	東武ED5001	1993.5.30 ED5001→ED458
	〃	ED459	1	〃	〃	〃	45.0	〃	〃	〃	〃	〃	〃	〃	〃	〃	〃	昭38.10	〃	平12.7	東武ED5069	—
	ED501	ED501・502	2	12,600	3,830	2,700	50.0	日立	HS277-Br16	150×4						〃	組立台枠	昭31	日立	平12.6.10	大井川ED501・502	2003.3.18
	デキ200	デキ202・203	2	〃	3,955	2,728	50.0	日立	HS277-Dr	230×4	4.06	9,440	34.9	日立		〃	鋼板溶接枠	昭38	日立	平12.7.15	秩父デキ202・203	2011.3.31
	ED5081	ED5081・5082	2	12,000	4,055	2,690	45.45	東芝	MT-40	142×4	4.24	5,280	39.0	東芝		電空	TT-54	昭45	東芝	平26・23	東武ED5081・5082	—
	ED301	ED301	1	11,000	3,950	2,736	38.0	東洋	MT-40B	142×4	3.05	4,460	46.5		KC64-A	電空	TT-55	昭38.6	東芝	昭59.9	南海ED5202	—
近江鉄道	ED14	ED141～144	4	11,200	3,912	2,740	59.97		MT-8	244×4	4.31	11,600	30.0			〃	板台枠	大15	G. E	昭37～41	国鉄ED141 ～144	2004.7.1（142・143） 2018.12.8（141・144）
	ED31	ED311～315	5	11,760	4,242	2,540	40.65		MT-4	85×4	3.42	3,400	33.79			〃	DT10	大12	芝浦	昭35 昭30・32	西武1・2 国鉄ED313～315	2004.7.1 2011・2010・1990年
	ED4000	ED4001	1	10,900	3,945	2,610	50.8		DK98B	149×4	5.33	7,120	29.9			電カム	板台枠	昭5	E. E	昭48	東武ED4001	2004.7.1
	ロコ1100	1101	1	10,306	4,150	2,520	30.1	東洋	DK-888	41×4	4.66	4,950	12.0	東洋		直	〃	〃	日車	昭26.4	国鉄ロコ1001	2004.7.1
近畿日本鉄道	デ31	31・33	2	10,800	3,810	2,700	30.1	三菱	MB-280AFR	41×4	4.66	5,900	31.0	三菱	HL	電空	棒台枠ウィング	昭23	三菱	昭23	（新造）	2000.11
神戸電気鉄道	700	701	1	12,800	4,130	2,708	45.0	三菱	〃	〃	〃	〃	〃		〃	〃	棒台枠	昭24	〃	昭24	（新造）	2011.3.31

稲穂が首を垂れる中、三岐鉄道三岐線ED453＋ED454の重連が牽引するセメント列車が行く。　2020.9.5　丹生川－三里　P：寺田裕一

おわりに

1993(平成５)年４月１日在籍の電気機関車とその後の変遷を訪ねて北から順に眺めてみた。

1993年４月１日で貨物営業を行っていた電化私鉄は、上信電鉄、秩父鉄道、東武鉄道、西武鉄道、相模鉄道、岳南鉄道、越後交通、黒部峡谷鉄道、三岐鉄道の僅か８社だけであった。その後、貨物輸送はさらに縮小して、現在貨物営業を行っているのは、秩父鉄道、黒部峡谷鉄道、三岐鉄道の３社だけで、そのうちの２社がこの下巻に含まれる。

「下巻のはじめに」で、黒部峡谷鉄道の特殊性に触れたが、同じ下巻に含まれる大井川鐵道も特殊な環境にある。電気機関車＝貨車牽引が一般的であるが、大井川鐵道の場合は、井川線は全てが機関車牽引で、大井川本線も一般旅客用は電車だが、SL急行をはじめとする観光客向けの列車は、蒸気機関車牽引がメインで、多客時の客車編成の長い列車は電気機関車が補機に入る。また電気機関車が客車を牽引する観光客向けの列車が運転されることもある。貨物営業は、大井川本線、井川線共に終了した扱いになっているが、中部電力の依頼があると、貨車を連結することもある。その大井川鐵道であるが、2022年の豪雨で大井川本線が被災し、全通への見通しは立っていない。そんな電気機関車所有30社を上下巻で紹介した。

ここから先は私事であるが、2023年６月に京阪カード社の取締役会長職を退任して、京阪とは株主としてのみの関係に変わった。その環境下でのRMライブラリーの初作が本書であることに、何かの因縁を感じる。写真提供の方々をはじめ、お世話になった方々に感謝を述べたい。また、阪神タイガースが2023年11月５日に日本一となった。そんな時の出版であることを記憶に留めたい。

寺田裕一

東海道新幹線と近江鉄道の交差地点にやってきたED312牽引の貨物列車。愛嬌あるボンネットを突き出して進む姿はもう見られない。
1980.11.1　彦根－鳥居本　P：寺田裕一